院士解锁中国科技

矿产卷

毛景文 主笔

点亮矿物百宝箱

中国编辑学会 中国科普作家协会 主编

U0332446

中国少年儿童新闻出版总社
中国少年兒童出版社

北 京

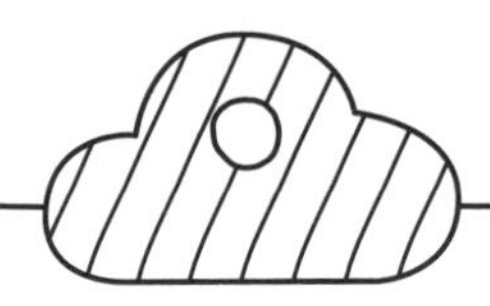

图书在版编目（CIP）数据

点亮矿物百宝箱 / 毛景文主笔. — 北京 ： 中国少年儿童出版社，2023.1
（院士解锁中国科技）
ISBN 978-7-5148-7798-4

Ⅰ. ①点… Ⅱ. ①毛… Ⅲ. ①矿产资源－中国－少儿读物 Ⅳ. ①P62-49

中国版本图书馆CIP数据核字(2022)第228183号

DIAN LIANG KUANGWU BAIBAOXIANG
（院士解锁中国科技）

出版发行：中国少年儿童新闻出版总社 中國少年兒童出版社
出 版 人：孙 柱
执行出版人：张晓楠

责任编辑：杨 靓 徐懿如 王志宏　　封面设计：许文会
美术编辑：马 欣　　版式设计：施元春
责任校对：杨 雪　　形象设计：冯衍妍
插　　图：王华文 王炫予　　责任印务：李 洋

社　　址：北京市朝阳区建国门外大街丙12号　　邮政编码：100022
编 辑 部：010-57526815　　总 编 室：010-57526070
客 服 部：010-57526258　　官方网址：www.ccppg.cn

印刷：北京利丰雅高长城印刷有限公司

开本：720mm×1000mm 1/16　　印张：9.25
版次：2023年1月第1版　　印次：2023年1月北京第1次印刷
字数：200千字　　印数：1-5000册

ISBN 978-7-5148-7798-4　　定价：67.00元

图书出版质量投诉电话：010-57526069，电子邮箱：cbzlts@ccppg.com.cn

“院士解锁中国科技”丛书编委会

总顾问

邬书林　杜祥琬

主　任

郝振省　周忠和

副主任

孙　柱　胡国臣

委　员

（按姓氏笔画排列）

王　浩　王会军　毛景文　尹传红

邓文中　匡廷云　朱永官　向锦武

刘加平　刘吉臻　孙凝晖　张彦仲

张晓楠　陈　玲　陈受宜　金　涌

金之钧　房建成　栾恩杰　高　福

韩雅芳　傅廷栋　潘复生

本书创作团队

主　笔

毛景文

创作团队

（按姓氏笔画排列）

丁建华　于　杰　马玉波　王登红　孔凡晶　代晶晶
朱乔乔　闫　强　江吉洁　杜博宇　李振清　李德先
杨欢欢　邹　斌　赵　苗　赵太平　胡　斌　侯可军
秦　燕　倪　培　徐　刚　梅燕雄　魏　然

“院士解锁中国科技”丛书编辑团队

项目组组长

缪　惟　郑立新

专项组组长

胡纯琦　顾海宏

文稿审读

何强伟　陈　博　李　橦　李晓平　王仁芳　王志宏

美术监理

许文会　高　煜　徐经纬　施元春

丛书编辑

（按姓氏笔画排列）

于歆洋　万　颉　马　欣　王　燕　王仁芳　王志宏　王富宾　尹　丽　叶　丹
包萧红　冯衍妍　朱　曦　朱国兴　朱莉荟　任　伟　邬彩文　刘　浩　许文会
孙　彦　孙美玲　李　伟　李　华　李　萌　李　源　李　橦　李心泊　李晓平
李海艳　李慧远　杨　靓　余　晋　张　颖　张颖芳　陈亚南　金银銮　柯　超
祝　薇　施元春　秦　静　顾海宏　徐经纬　徐懿如　殷　亮　高　煜　曹　靓

前　言

“院士解锁中国科技”丛书是一套由院士牵头创作的少儿科普图书，每卷均由一位或几位中国科学院、中国工程院的院士主笔，每位都是各自领域的佼佼者、领军人物。这么多院士济济一堂，亲力亲为，为少年儿童科普作品担纲写作，确为中国科普界、出版界罕见的盛举！

参与这套丛书领衔主笔的诸位院士表达了让人不能不感动的一个心愿：要通过撰写这套科普图书，把它作为科技强国的种子，播撒到广大少年儿童的心田，希望他们成长为伟大祖国相关科学领域的、继往开来的、一代又一代的科学家与工程技术专家。

主持编写这套丛书的中国少年儿童新闻出版总社是很有眼光、很有魄力的。在这些年我国少儿科普主题图书出版已经很有成绩、很有积累的基础上，他们策划设计了这套集约化、规模化地介绍推广我国顶级高端、原创性、引领性科技成果的大型科普丛书，践行了习近平总书记关于“科技创新、科学普及是实现创新发展的两翼，要把科学普及放在与科技创新同等重要的位置”的重要思想，贯彻了党的二十大关于“教育强国、科技强国、人才强国”的战略要求，将全民阅读与科学普及相结合，用心良苦，投入显著，其作用和价值都让人充满信心。

这套丛书不仅内容高端、前瞻，而且在图文编排上注意了从问题入手和兴趣导向，以生动的语言讲述了相关领域的科普知识，充分照顾到了少年儿童的阅读心理特征，向少年儿童呈现我国科技事业的辉煌和亮点，弘扬科学家精神，阐释科技对于国家未来发展的贡献和意义，有力地服务于少年儿童的科学启蒙，激励他们逐梦科技、从我做起的雄心壮志。

院士团队与编辑团队高质量合作也是这套高新科技内容少儿科普图书的亮点之一。中国少年儿童新闻出版总社集全社之力，组织了 6 个出版中心的 50 多位文、美编辑参与了这套丛书的编辑工作。编辑团队对文稿设计的匠心独运，对内容编排的逻辑追溯，对文稿加工的科学规范，对图文融合的艺术灵感，都能每每让人拍案叫绝，产生一种“意料之外、情理之中”的获得感。

丛书在编写创作的过程中，专门向一些中小学校的同学收集了调查问卷，得到了很多热心人士的大力帮助，在此，也向他们表示衷心的感谢！

相信并祝福这套大型系列科普图书，成为我国少儿主题出版图书进入新时代中的一个重要的标本，成为院士亲力亲为培养小小科学家、小小工程师的一套呕心沥血的示范作品，成为服务我国广大少年儿童放飞科学梦想、创造民族辉煌的一部传世精品。

郝振省

中国编辑学会会长

前　言

科技关乎国运，科普关乎未来。

一个国家只有拥有强大的自主创新能力，才能在激烈的国际竞争中把握先机、赢得主动。当今中国比过去任何时候都需要强大的科技创新力量，这离不开科学家创新精神的支撑。加强科普作品创作，持续提升科普作品原创能力，聚焦“四个面向”创作优秀科普作品，是每个科技工作者的责任。

科普读物涵盖科学知识、科学方法、科学精神三个方面。“院士解锁中国科技”丛书是一套由众多院士团队专为少年儿童打造的科普读物，站位更高，以为中国科学事业培养未来的“接班人”为出发点，不仅让孩子们了解中国科技发展的重要成果，对科学产生直观的印象，感知“科技兴则民族兴，科技强则国家强”，而且帮助孩子们从中汲取营养，激发创造力与想象力，唤起科学梦想，掌握科学原理，建构科学逻辑，从小立志，赋能成长。

这套丛书的创作宗旨紧跟国家科技创新的步伐，遵循“知识性、故事性、趣味性、前沿性”，依托权威专业的院士团队，尊重科学精神，内容细化精确，聚焦中国科学家精神和中国重大科技成就。创作这套丛书的院士团队专业、阵容强大。在创作中，院士团队遵循儿童本位原则，既确保了科学知识内容准确，又充分考虑了少年儿童的理解能力、认知水平和审美需求，深度挖掘科普资源，做到通俗易懂。丛书通过一个个生动的故事，充分体现出中国科学家追求真理、解放思想、勤于思辨的求实精神，是中国科学家将爱国精神与科学精神融为一体的生动写照。

为确保丛书适合少年儿童阅读，院士团队与编辑团队通力合作。在创作过程中，每篇文章都以问题形式导入，用孩子们能够理解的语言进行表达，让晦涩的知识点深入浅出，生动凸显系列重大科技成果背后的中国科学家故事与科学家精神。同时，这套丛书图文并茂，美术作品与文本相辅相成，充分发挥美术作品对科普知识的诠释作用，突出体现美术设计的科学性、童趣性、艺术性。

面对百年未有之大变局，我们要交出一份无愧于新时代的答卷。科学家可以通过科普图书与少年儿童进行交流，实现大手拉小手，培养少年儿童学科学、爱科学的兴趣，弘扬自立自强、不断探索的科学精神，传承攻坚克难的责任担当。少儿科普图书的创作应该潜心打造少年儿童爱看易懂的科普内容，着力少年儿童的科学启蒙，推动青少年科学素养全面提升，成就国家未来创新科技发展的高峰。

衷心期待这套丛书能够获得广大少年儿童朋友们的喜爱。

周忠和

中国科学院院士

中国科普作家协会理事长

写在前面的话

你知道吗？在我们生活的世界里，矿产无处不在。你打开一瓶矿泉水，里面装着的就是矿产；你用铅笔写字，显示出字迹的也是矿产；你用一会儿触摸屏，那里面更是有好多种矿产。

矿产是地球给予人们的宝藏，是那些藏在地下或地表、能被开采使用的天然矿物。人们离不开它们，所以才要找到它们，再好好利用它们。

你印象里的找矿是什么样子的？是“千淘万漉虽辛苦，吹尽狂沙始到金”吗？还是“千锤万凿出深山，烈火焚烧若等闲”？矿产种类繁多，形成过程复杂，似乎很神秘，而找到它们的探宝过程既艰险，又充满了乐趣。

对呀，找矿就是这么好玩。你能分辨什么样的小石头属于矿产吗？你见过“开花”的石头吗？你知道为什么有“锂”走遍天下吗？

在这本书里，你能获得矿产的形成和探测的基础知识，能了解我国在矿产方面取得的成就，还能听到一位位科学家不畏艰险、跋山涉水，找到一种又一种矿产的故事。

活泼可爱又搞怪的“金逗”将带领大家进入矿产的世界，大家可以和它一起，领略自然界的巨大魅力，鉴别日常生活中各种各样的矿产，了解它们的过去、现在和未来，满足你探寻宝藏的好奇。

广袤山河是最好的实验室，毛主席曾经讲过“实践出真知”，深入大地深山，方获所需宝藏。

从壮丽的雪域高原到苍茫的原始森林，

从荒凉的戈壁荒漠到富饶的盆地平原，

每一座山的峰谷皆暗藏奇珍，

每一条河的浪花均讲述传奇，

每一棵树的年轮都诉说历史，

每一块石头各有它特定标识，

每个矿物藏有一个传奇故事。

在这里，领略大美无言的中国，

在这里，探索无穷无尽的宝藏！

中国工程院院士

自然资源部成矿作用与资源评价重点实验室主任

目录

快跟着金逗，一起去找金矿吧！

不起眼的小石头
属于矿产吗?

传说，女娲娘娘为了堵住漏了的天，找了很多小石头。她用大火炼了九九八十一天，把石头炼成了熔浆，再用熔浆去补天，终于把天补完整了。

其实，小石头不光能补天。

在我们的生活中，还有很多神奇的石头，它们还能被当作矿产使用呢。

人们常常管那些藏在地下或地表、能被开采使用的天然矿物叫作矿产。

小贴士

自然界的矿产分为金属、非金属、能源三大类。我们熟悉的铁、铜、铅、锌、金、银等属于金属矿产，金属元素从中提取出来之后就可以在各行各业大显身手了；石料、沙石等属于非金属矿产，有些可以直接利用，有些需要加工后使用，我们盖房子可少不了这些；而煤、石油、天然气、地热等属于能源矿产，可以燃烧产生热量，供我们取暖或者发电。

矿产在被人们开采出来之后，就在我们的生活中到处可见了。公园里、商场中铺地的花岗岩、大理岩，建造汽车、火车用的铁、铜，写字用的铅笔芯，就连我们喝的矿泉水都属于矿产！

你可能会说，矿泉水里含有很多矿物质，当然是矿产了。

好，那你知道一部手机的材料里，竟然用到了铜、银、铅、锡、锂、钽、铟、石英等几十种矿产吗？

触摸屏

只有在触摸屏的表面添加一层金属铟，手机才能对手指的触摸起反应。

显示屏

显示屏中必须加入铜等好几种不同的元素，手机才能发光并显示出有色彩的画面。

手机的正常运行需要各种电子元件，制作这些电子元件都少不了金属镍、镓等。

电池

手机一般用锂电池供电。制作锂电池，除了锂元素之外，还需要用钴等金属元素。

封装

手机外壳需要添加镁等金属，才能防止电磁干扰，让手机更好地进行工作。

你知道石头也能用来织布吗？

我国科技工作者发现，在高温下，被粉碎的石头可以熔化成有黏性的玻璃溶液。就像从蚕茧上抽丝一样，人们可以用机器抽出玻璃纤维丝来。这些玻璃丝非常细，200 多根合起来才有一根头发那样粗。它们不但能弯曲，还能被纺成线，织成柔软的玻璃布。是不是很神奇呢？

有句俗话叫作“家里有矿”，是用来形容某些人家底丰厚，说话办事特别有底气的。

我国幅员辽阔，矿产十分丰富，已经探明了163种有工业价值的矿产，是个名副其实的“家里有矿”的国家。只是矿产被发现和开采不是一件容易的事。

在自然界发现新矿物是一个国家科学技术进步的重要标志。中华人民共和国成立以来，我国科学家已经发现了100多种新矿物。

2022年，我国科学家首次发现月球上的新矿物，并命名为“嫦娥石”。

小贴士

我国是最早认识和利用矿产的国家之一，山顶洞人就已会用铁矿做染料。夏代，人们发明了青铜铸造技术。春秋时期，出现了铁制作的农具和工具。宋朝沈括在《梦溪笔谈》中更是最早提出了“石油”一词。

关于“香花石”的名字来源也是个有诗意的故事呢。

那是1958年的一天，科学家黄蕴慧发现了一种世界罕见的矿物，后被国际矿物协会认定为“含稀有金属铍的矿物”。但是，给这个矿物起个什么名字呢？大家争论不休。

当时，年轻的黄蕴慧仰望着明亮的月亮，呼吸着淡淡桂花香，眼前浮现出晶莹剔透的矿物晶体，又想到这种矿石的发现地点是在香花岭，她灵光一闪，脱口而出“香花石”。从此，这个矿物家族新成员就有了一个诗意盎然，又具有中国特色的美名。

新矿物的命名也不都是靠灵感的，有时候会因为奖励某位有特殊贡献的科学家而得名。

比如，2021年，我国科学家又发现了一种稀土类新矿物，国际矿物协会将它以中国工程院院士毛景文的名字命名，把它称为景文矿。这是为什么呢？

原来，毛院士在找矿方面有着“火眼金睛”的本领，通过他多年对矿床和矿物的研究，用自己的新理论、新发现提升了我国整体的找矿能力，于2018年获得国际矿床成因协会杰出成就奖。

毛院士深刻了解什么类型的矿有什么特点，在哪里，如何找，他称之为“知识找矿”。

一次，毛景文在新疆出差。他坐在车上往外看，突然，路边山上一种红色的岩石吸引了他的注意，他便立刻下车，走近后仔细看了起来。过了一会儿，他断定："这里应该有锡矿。"

同行的当地人一听都笑了，摆摆手，说："不可能，我们天天路过这里，如果有矿，怎么会不知道？"

毛景文也笑了笑，并不与他们争辩，只是坚持请技术人员进行勘测。后来，人们果然在这里发现了一处中型锡矿。

毛景文院士能在不起眼的石头中发现宝贝，凭借的不仅是过硬的知识和丰富的经验，还与他对矿产事业的天然执着和热爱有关。他常说："我最大的兴趣就是看矿，有事的时候我去看矿，没事的时候我也喜欢看矿。"

几十年间，他不停地东奔西走，翻山越岭，考察过国内外各地的1000多座矿产地。去过许多偏僻的地方，风餐露宿、迷路摔跤是常

有的事。多年野外工作的经历，练就了他健康的体魄，也坚定了他凡事都要搞清楚、弄明白的钻劲。

这一年，毛景文院士 66 岁的时候被请到了江西安远，原来是当地人发现了一座稀土矿，可矿体成分复杂，重稀土和轻稀土交叉出现，原因不明。

他站在一个高十几米、坡度七八十度的陡壁前，仰着头往石壁上看了又看，可还是看不清楚被泥土覆盖着的矿体。

怎么办呢？必须得近距离观察！

毛院士靠抓着山上的小树、突出的石块，爬到了矿体上更高的位置。人们都为他捏了把汗。

趴在岩石上，他扒开上面的泥土，仔细地观察起来。很快，他做出了判断：这座矿主体是重稀土，而部分轻稀土是因后期含轻稀土矿岩脉穿插所致。终于有答案了，人们感动而兴奋地鼓起掌来！

小心啊!

为了寻找一个准确的答案，毛院士总是这样不惧危险，努力坚持着，这种精神也影响着周围的人。

在毛院士的带领下，他的团队经过 15 年的研究，打破对矿物形成原因的传统认识，新发现了一种成因，并因此提出了新的找矿理论。人们根据这个新理论，找到了一大批之前难以发现的金属矿产。

虽然我国在寻找矿产方面已经取得了很多成就，但还不容骄傲。由于受各种因素的限制，我国还有太多矿产没有被发现和开发，我们还没有足够的矿产储备，很大一部分矿产还需要依靠进口。

工业需要矿、农业需要矿、国防需要矿，各行各业都需要矿，因此科学家们在找矿的道路上从不敢停歇。

同学们，不起眼的小石头可能就是大有用处的宝藏矿产哟！你愿意加入科学家们的队伍，一起去探索、开发宝藏矿产吗？

地球板块碰一碰，就能碰出宝贝吗？

地球像什么?

你可能会说像一个水球,也可能会说像一颗蓝色的玻璃珠。可是在地质学家眼里,地球更像一个煮熟的鸡蛋。

为什么这么说呢?

原来,地球最表面的地壳很像鸡蛋薄薄的外壳,下面的"蛋白"部分是地幔,最中心的"蛋黄"叫作地核。

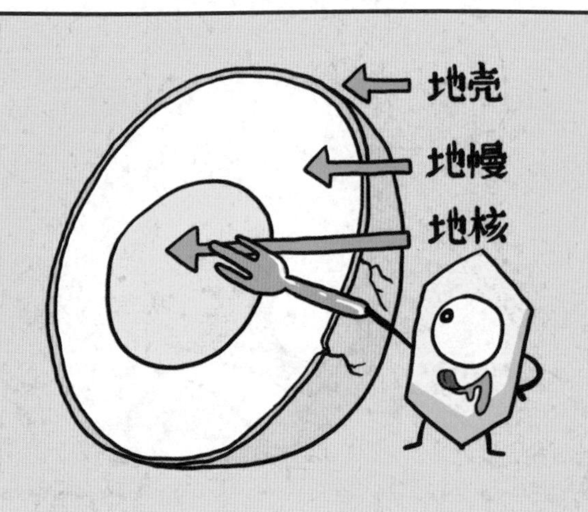

地球这个"煮熟的鸡蛋"到今天还没有凉透,越往深处温度越高。

你煮鸡蛋的时候有没有碰到过蛋壳被煮破的情况呢?

地球这个"煮熟的鸡蛋",它的外壳也不是铁板一块,而是由很多像拼图一样的板块组合在一起。

陆地和海洋就坐落在这一块块"拼图"上面,并随着它们每天在运动。这些板块像碰碰车一样,有时彼此靠近,有时彼此远离。

现在闭上眼睛，屏住呼吸，你是否能感觉到“拼图”的运动呢？

其实，我们平时很难感受到地球板块的移动，因为它们平均每年只移动大约 2 厘米。

这样的速度在乌龟眼中可能都属于“龟速”了。但正是这些板块长久的“龟速”运动，对地球产生了巨大的影响，可以造成地震和火山爆发，可以塑造山脉和海洋。

小贴士

地球表面并非整体一块，而是分裂成许多大块岩石，这些大块岩石被称为板块。地质学家将全球分为太平洋板块、欧亚板块、印度洋板块、非洲板块、美洲板块和南极洲板块 6 个板块。除太平洋板块几乎全为海洋外，其余 5 个板块既包括大陆又包括海洋。

当两个板块彼此靠近时会发生什么呢？

同学们可以拿两本书放在桌子上推向彼此试试。有时候两本书会旗鼓相当、互不相让，甚至书本都发生了变形，它们中间就像隆起了一座小山……

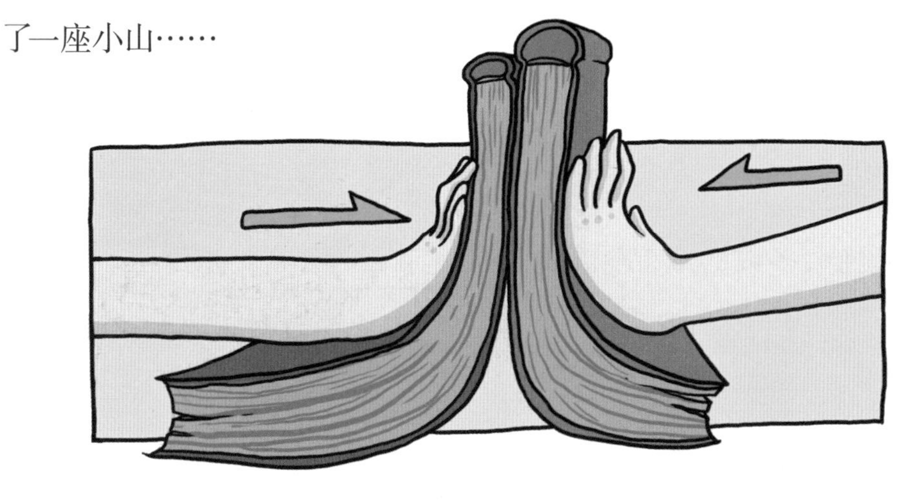

等等，一座小山？

聪明的你可能已经窥探到了这其中的奥秘——如果把手中的书变成真实的板块，板块之间互相碰撞、挤压，就形成了山脉！这就是大陆碰撞挤压造山的原理。喜马拉雅山就是这样被“挤压”出来的。

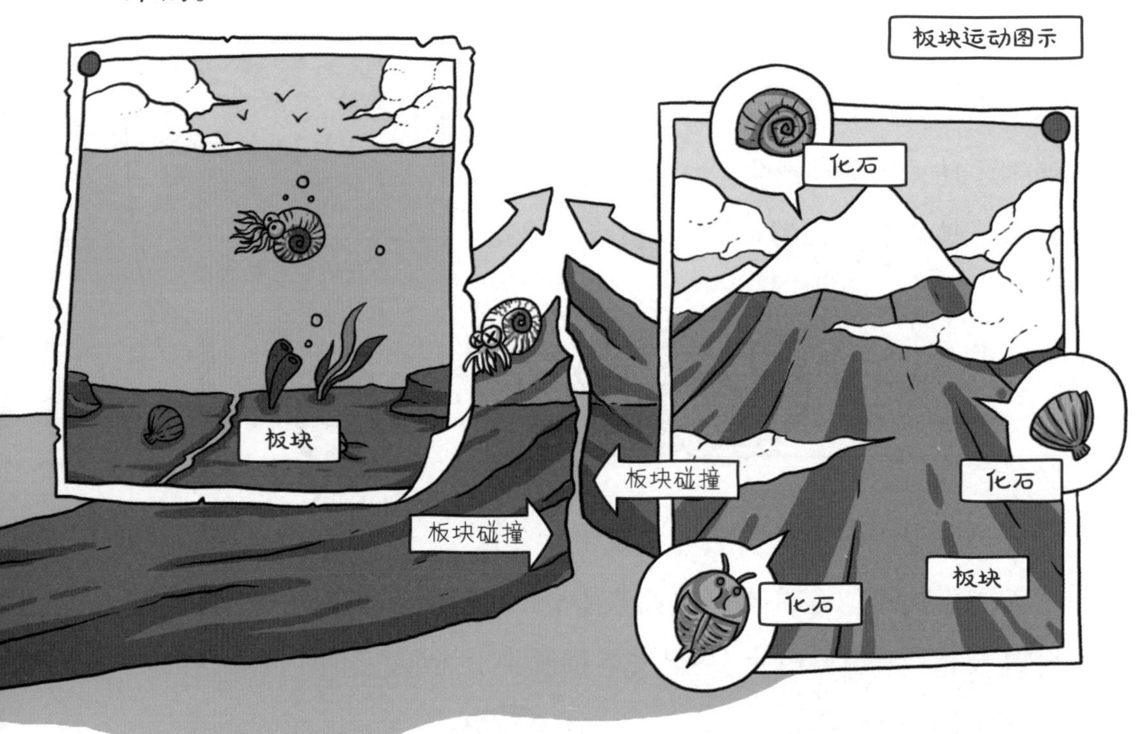

我们都知道地球是一个水球，但你是否知道，其实地球上绝大多数的水都深藏地下，隐藏在地壳和地幔中的石头里面。

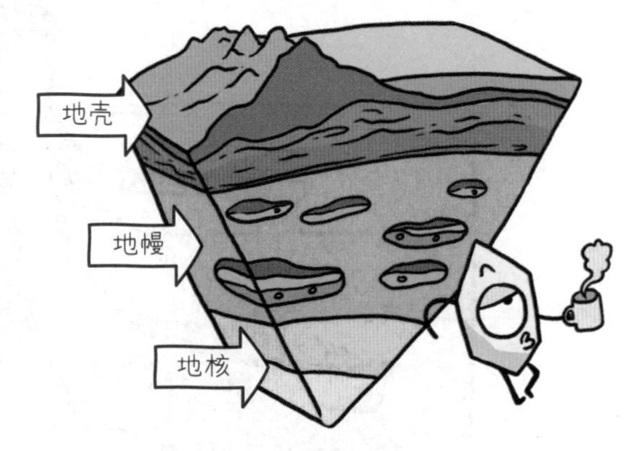

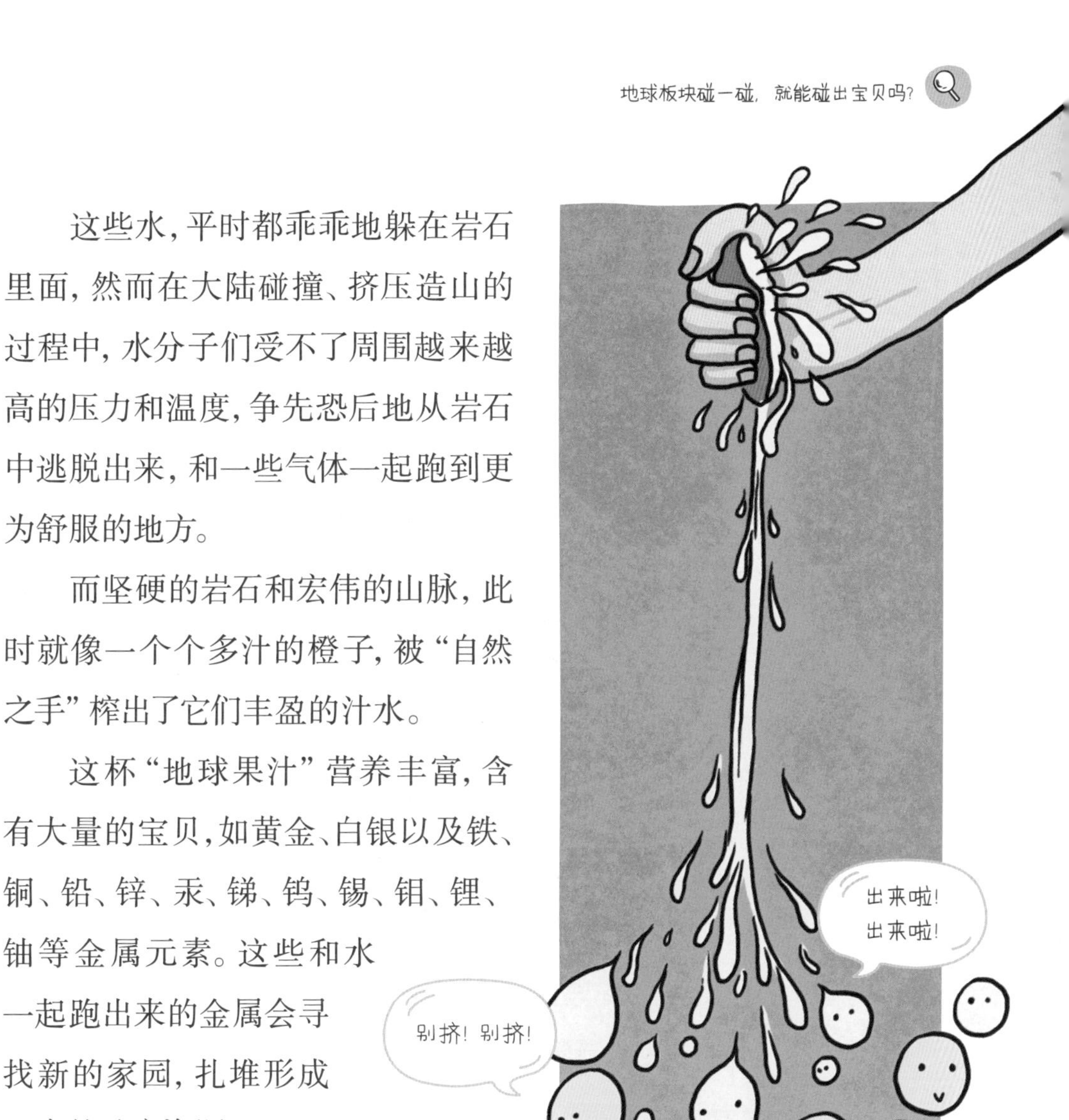

这些水，平时都乖乖地躲在岩石里面，然而在大陆碰撞、挤压造山的过程中，水分子们受不了周围越来越高的压力和温度，争先恐后地从岩石中逃脱出来，和一些气体一起跑到更为舒服的地方。

而坚硬的岩石和宏伟的山脉，此时就像一个个多汁的橙子，被“自然之手”榨出了它们丰盈的汁水。

这杯“地球果汁”营养丰富，含有大量的宝贝，如黄金、白银以及铁、铜、铅、锌、汞、锑、钨、锡、钼、锂、铀等金属元素。这些和水一起跑出来的金属会寻找新的家园，扎堆形成宝贵的矿产资源。

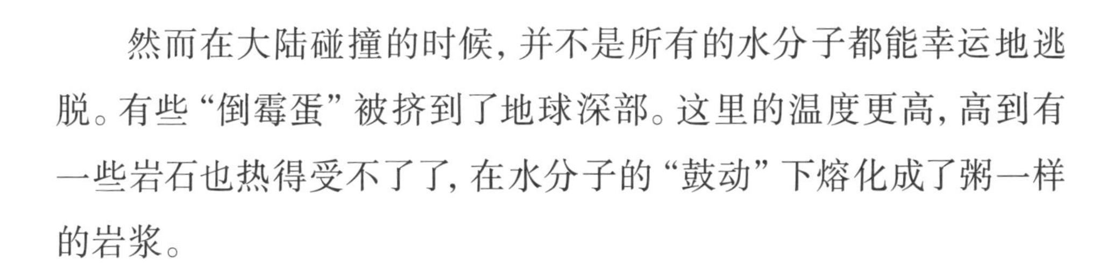

然而在大陆碰撞的时候，并不是所有的水分子都能幸运地逃脱。有些“倒霉蛋”被挤到了地球深部。这里的温度更高，高到有一些岩石也热得受不了了，在水分子的“鼓动”下熔化成了粥一样的岩浆。

“岩浆粥”很黏稠，会缓慢地朝着地球表面运动，到有它们喜欢的温度和深度的地方安家，并重新固结为岩石。这些“岩浆粥”同样营养丰富，它们携带大量的金属元素，如铜、金、钼、钨、锡等，并伴随着岩浆的冷却固结而浓缩成矿。

除了金属元素，那些埋藏在地球表面之下的动植物遗体，也会慢慢随着大陆碰撞造山过程中温度和压力的升高，形成石油、天然气和煤等资源。

此外，大陆碰撞造山带内还会形成一些美丽的宝石和玉石，如钻石、红宝石、蓝宝石、石榴子石和翡翠等，它们的魅力令无数人为之痴迷。

看样子，板块碰一碰，还真的能碰出不少矿产宝贝呢！

小贴士

大陆碰撞造山带，发生于大陆板块的碰撞边界。在碰撞过程中，地壳会压缩增厚，导致地面大幅度抬升，形成宏伟的山系，喜马拉雅山、秦岭等都是板块碰撞造山的典型实例。

大陆碰撞造山带成了一座大宝库，谁能发现这其中的成矿规律，谁就拿到了打开这座宝库的钥匙！北京大学的陈衍景教授就是发现这把钥匙的人。

在 20 世纪 80 年代，还是学生的陈衍景就注意到，在秦岭造山带内有丰富的矿产资源。当时，人们都认为是板块俯冲的原因形成了这些矿产。可是，陈衍景却有不同的意见。

“碰撞导致地质变化，这在逻辑上成立，而且碰撞时间也与成矿时间更接近。”有了这个想法后，他开始大量查资料，并在攻读博士期间大胆提出了“大陆碰撞成矿”的理论。

然而，当时很多科学家都认为，大陆碰撞并不会形成丰富的“果汁”和“岩浆粥”，不可能形成矿产。这给年轻的陈衍景泼了一盆冷水。

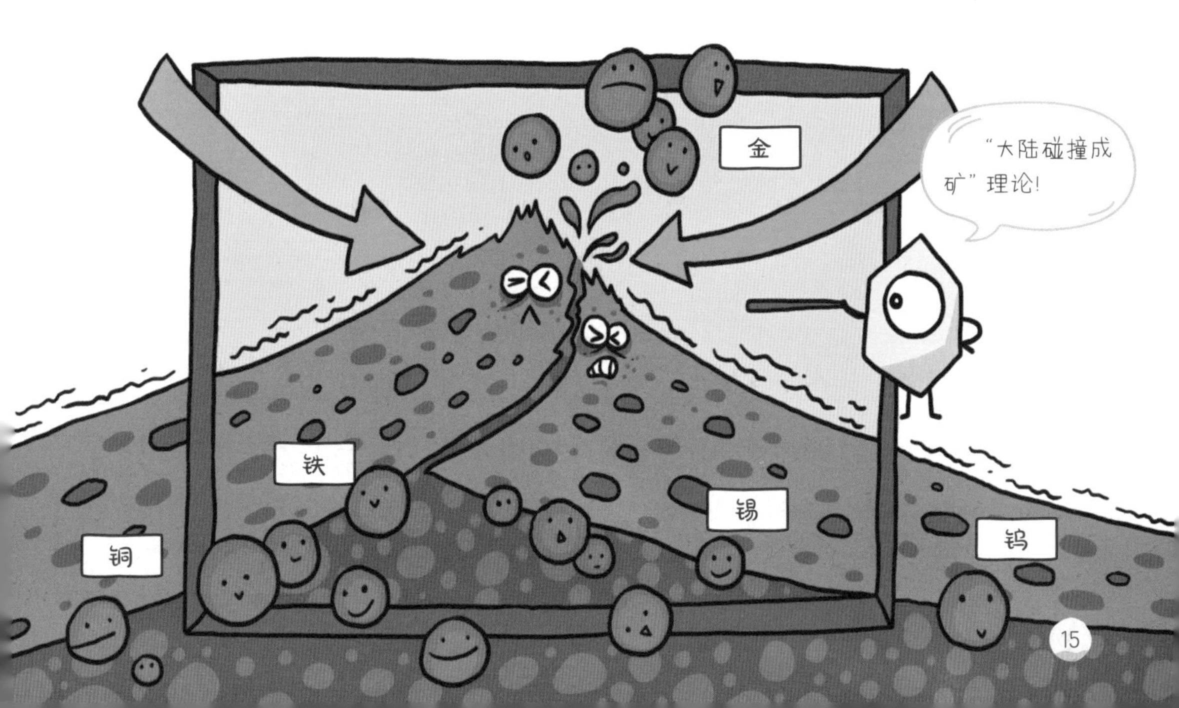

可是，陈衍景没有放弃自己的理论，并不断地找证据来证实。这也让他成了一个不折不扣的“少数派”，坐上了“冷板凳”，而且一坐就是10多年。

国内外同行的质疑让他申请的研究项目经常被“毙”；去做学术报告听到的也几乎全是反对、嘲笑的声音。

“我的理论意味着对前人的否定。人家能允许我发言、争论，我就很感激了。”陈衍景说。

幸运的是，中国是世界上大陆碰撞造山带最丰富的国家，是开展这项研究的天然实验室。慢慢地，陈衍景教授有了越来越多的“战友”，他和侯增谦院士带领的团队分别在秦岭、天山和喜马拉雅山地区开展了长期的艰难探索。

30多年后，“大陆碰撞成矿”理论终于被国内外普遍接受，并被国际同行称为“陈氏CMF模式”。

在“大陆碰撞成矿”理论的帮助下，那些被“碰”进连绵大山之中、深埋地表之下的矿产逐渐被揭开了神秘的面纱。好奇的你是不是也感到很兴奋呢？那就快快长大，自己也去寻找一把打开新宝库的钥匙吧！

矿产有家族吗?

过年过节的时候，家族里的人经常要聚在一起，吃一顿团圆饭。有的家族，还会把所有的成员和家里发生的大事都记下来，这就是家谱。你家里有家谱吗？

植物是有家族的，动物也是有家族的。科学家们可以替动植物编写家谱。

有！

各种不同的矿产，虽然分布在地球的不同部位，但它们都是地球大家族的重要组成部分。

矿产是地球在不同年龄阶段形成的，都是地球的“儿孙”，它们共同谱写了矿产的家谱。

不同种类的矿产，就如同百家姓中不同的姓氏。人类的家族有大有小，矿产也一样，像石油、天然气、煤、钾盐、铁、铜、金、银、钨、锂、稀土等100多个矿种，就是矿产家族中的名门望族。

人类的家族关系会发生变化，矿产也一样。比如，铁矿和钨矿就好像堂兄弟、表姐妹关系，随着时间的变化，它们之间的关系会越来越疏远，各自又会组成家庭，形成新的不同的家族，和原来的家族变成了远亲。

人类的家族，可能会居住在不同的地方，还可能会搬家，矿产也一样。比如，同样是铁矿，又可以分出不同类型的铁矿，它们经过漫长的时间，最后聚居在不同的地区。就好像同一个家族中关系很近的亲属，经过很多变故，迁移到了不同的地区。

像人类的家族有兴有衰一样，一些矿产家族越来越兴旺，一些不起眼的矿产家族却逐渐衰落，甚至消失。

比如，煤矿家族在我国北方的山西、内蒙古、新疆北部兴旺发达，在南方则星星点点；相反，钨矿家族在南方的江西、湖南、广西、云南等地兴旺发达，在北方就寥若晨星。

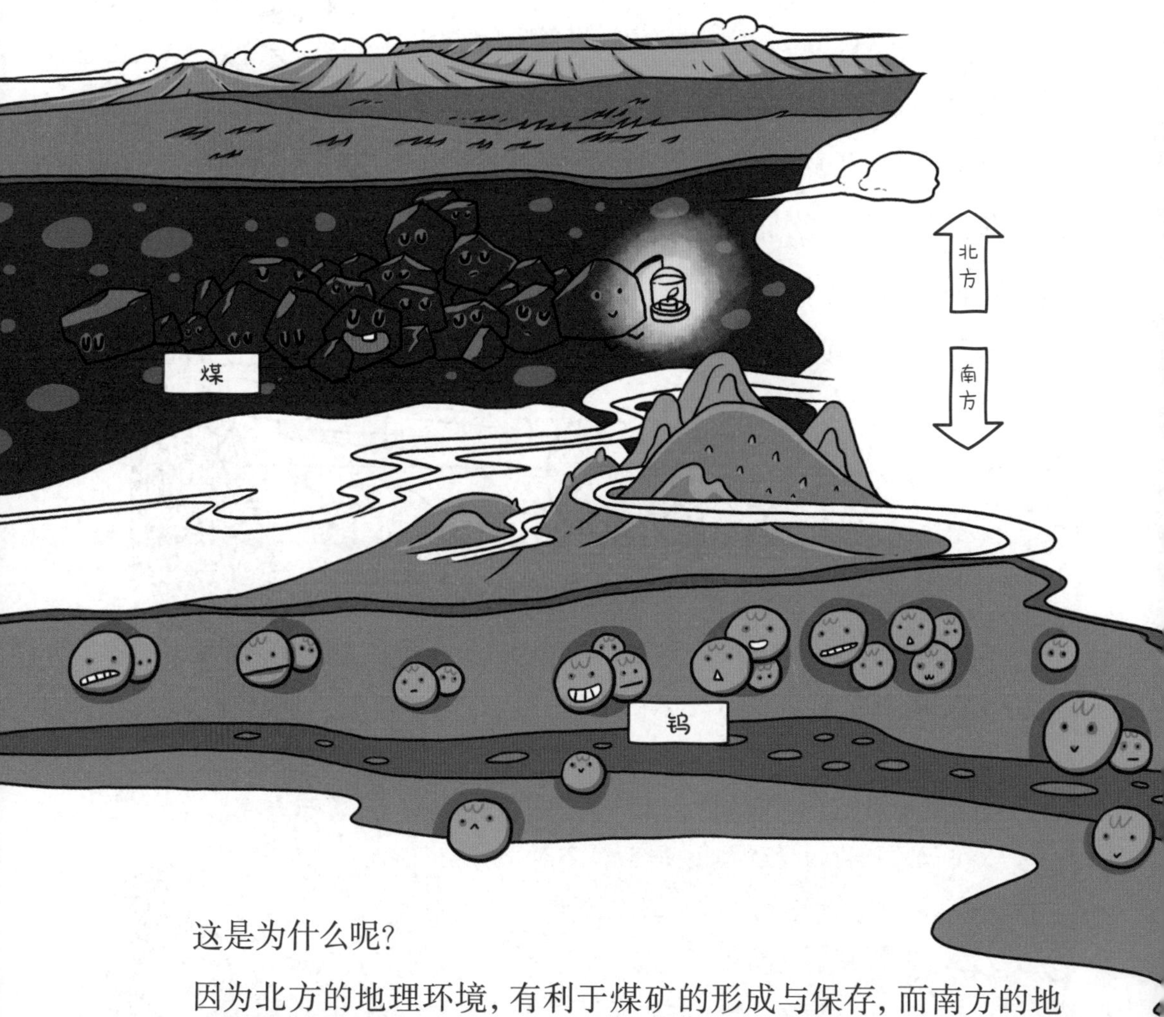

这是为什么呢？

因为北方的地理环境，有利于煤矿的形成与保存，而南方的地球活动，有利于钨矿的形成。

不同的矿产分别形成各自的家族，科学家称之为“成矿系列”。这个“系列”的意思是说，矿产“大家族”的形成是有一系列联系的。

这就是科学家们研究的成矿理论和成矿规律了。

科学家们找到矿产之间的联系，就可以更科学、更合理地开展找矿工作。这就像找到了几个大家族各自的家谱，再找到各个家谱之间的关系，比如人或地方，就可以顺藤摸瓜，找到各个家族中的人。

小贴士

“成矿系列”理论是我国科学家独创的，20 世纪 70 年代由程裕淇院士和陈毓川等科学家最先提出。这套理论多年来一直在为指导人们找矿服务。这套理论还启发许多科学家做出了新的研究和发现，比如翟裕生院士的“成矿系列结构”的概念。

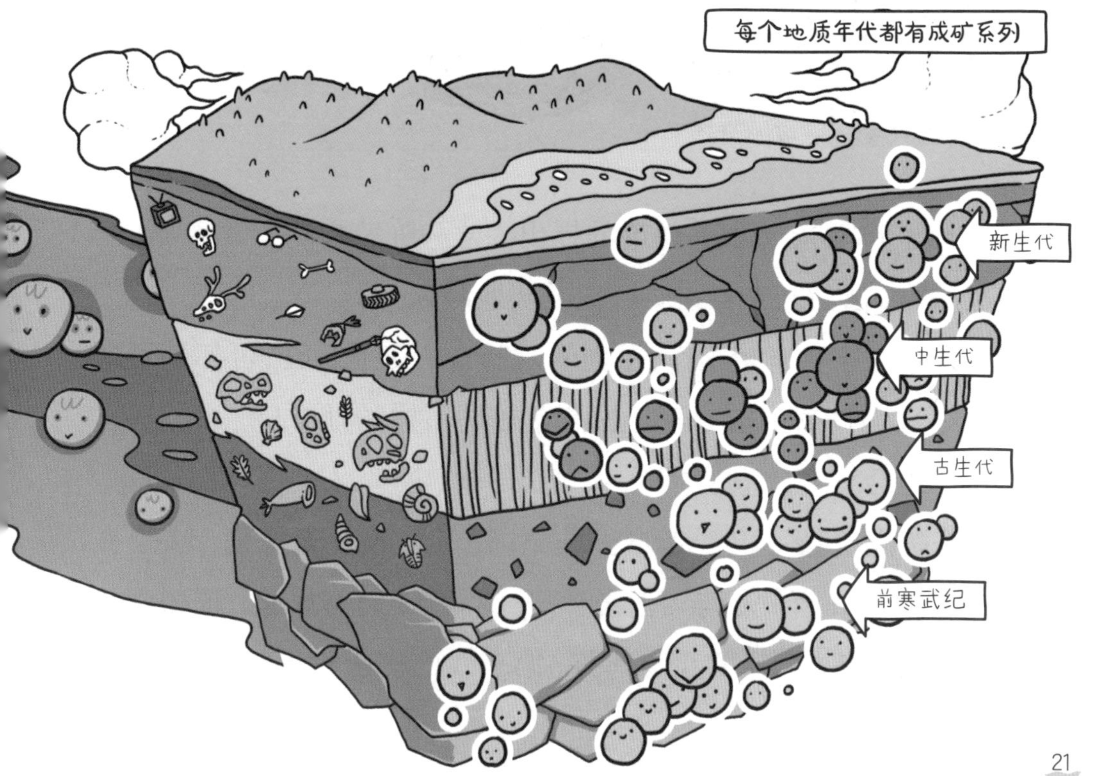

在青藏高原，身强力壮的年轻人可能都会气喘吁吁的。2022年，一位白发苍苍的老人却稳稳地站在那里。

他是谁？

他就是“成矿系列”理论的提出人之一陈毓川院士。这时他已经 87 岁了，居然还亲自到矿区指导实地调查。

陈院士还在坚持工作，平时喜欢骑自行车上下班。可都到了这个年纪，为什么他还一定要去青藏高原那样的地方呢？多累呀，说不定还会有生命危险。

陈院士坚持一定要亲自去的原因，其实没什么特别，就是喜欢，喜欢找矿、喜欢探索。他说：“我越找矿，越有感情；越探索，越有探索的精神。只要我身体好，第一线的矿区我肯定要去。”

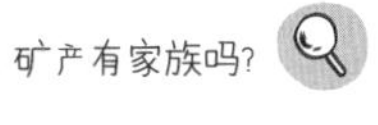

陈院士还说：“能看到普通人难以看到的风光，能更深刻地领略自然的韵味，是地质工作给予我的一份奖励。”

探索是喜好，危险是趣事，荒僻也成了风景。正是因为陈院士有着对找矿事业的热爱和大无畏的探索精神，才能突破以往的理论，发现矿产家族之间内在的联系，才有了“成矿系列”理论的基础。

多年来，在陈院士的指导下，我国科学家利用“成矿系列”理论，摸清了很多矿产家族的“人口”。

科学家们记录下了这一家族的家谱，沿着“家谱”去“寻亲”，近年来在四川、湖南、江西、内蒙古及西藏等地又发现了不少这个家族的“亲戚”呢。

你看，搞清楚矿产家族的“家谱”是不是很有用，也很有趣？研究明白不同矿产资源之间的关系是不是越来越重要了呢？！

石头，石头，
你几岁啦？

在古代，皇帝们都想万寿无疆，活到上万岁。皇帝们真能活上万年吗？当然不能。

可如果有人指着一堆石头告诉你，这些石头已经上亿岁了！你相信吗？

我们怎么知道岩石的年龄呢？

你出生的时候，爸爸妈妈会记得你出生的日期，之后每过一年你就长大一岁，年龄很容易就算出来了。那岩石的年龄也是这样计算的吗？

自然界的石头由不同的矿物组合生长而成，这些矿物里面都存在一些不安分的小家伙，它们叫作放射性同位素。

这些小家伙非常活泼，会不停发生变化，每经过一段时间，它们中间的部分成员就会变身成新个体，知道那些没变身的老成员和新个体数量之间的比例，就可以计算出岩石年龄了。

这个计算年龄的方法就像日常生活中见到的沙漏。随着时间的推移，底部的沙子（新个体）和顶部的沙子（老成员）比例会发生变化，根据这个变化能算出经过了多长时间。

小贴士

世界上的万物都是由原子组成的。而微小的原子里，还有更小的质子和中子。有些原子中，质子的数目相同，而中子的数目不同，我们管它们叫同位素。而同位素中又有一些不安定、会变化的，它们叫放射性同位素。

这些小家伙藏在岩石的什么地方呢？

在成长的过程中，爸爸妈妈会拍摄照片记录我们成长的点滴，形成一本随着时间的推移而越来越厚的相册。

在岩石中也存在这样一种“时间相册”，它是岩石中的某些矿物，可以是锆石、石英或黑云母等。它们能完整地保存岩石中的放射性同位素信息，这些信息就像爸爸妈妈给你拍的照片。

只要找到“时间相册”，我们就可以准确地知道岩石的年龄了。

时间相册

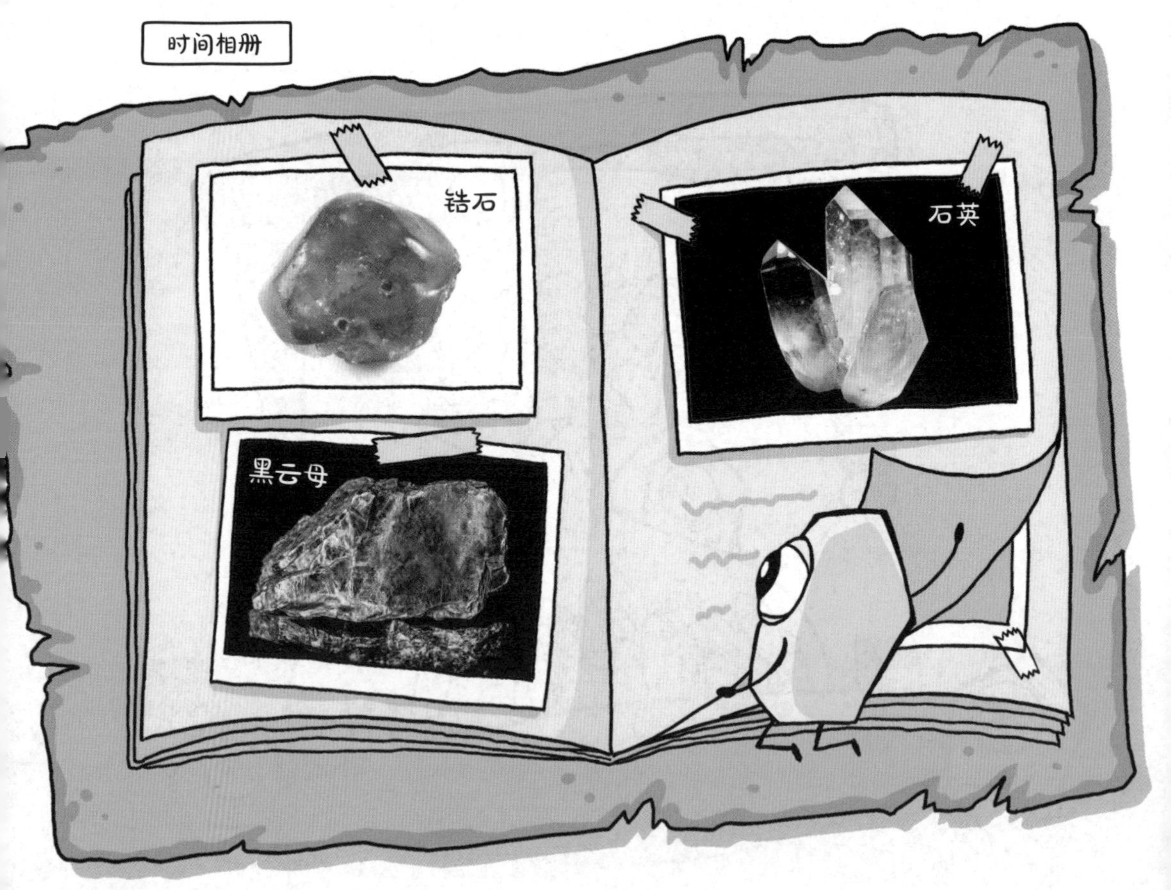

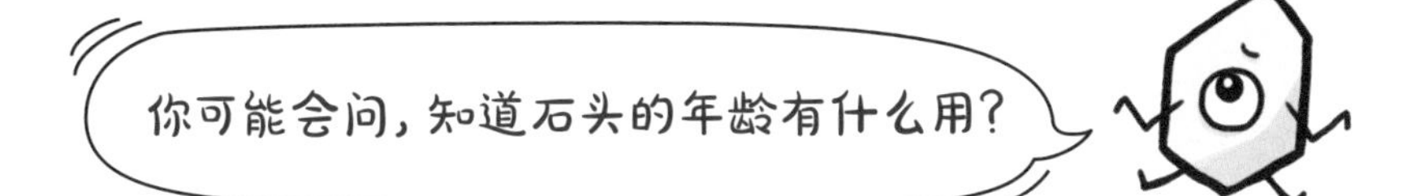

那可是大有用处呢。通过对地球上岩石年龄的测定，我们可以知道地球的变化过程，比如，古时候的大陆是什么时候形成的，什么时候开始变化的……

提到对岩石年龄的测定，就不得不提到我国著名的同位素地质年代学专家刘敦一。他带领团队在辽宁省的鞍山地区找到了中国石头界最年长的石头。这块石头已经38亿岁了！

不过，很长一段时间，我国对岩石年龄测定所使用的仪器都只能依靠进口。已经快70岁的刘敦一下定决心，要自主研发我们国家自己的测定技术。

在当时，还是有很多人不理解，觉得国家已经富裕了，需要什么仪器，去买来不就好了，干吗非要自己那么费劲呢？

但刘敦一认为，关键核心技术是要不来、买不来、讨不来的。他说：“如果我们没有自主研发技术的能力，经济、国防都将受制于人，特别是科学研究方面。”

想不靠别人，就要自己干，而且要做到世界最好。

说是自己干，可怎么干呢？先学习外国先进技术，再建立自己的实验室，一步一步来。

资金不够怎么办？进口困难怎么办？研究人员怎么找？实验室到底能做什么？每次遇到困难，刘敦一就像是遇到暴风雨的雄鹰，坚信“只有折断的翅膀，没有折回的路程”，绝不放弃。

他带领团队完成了测试岩石年龄所需要的核心技术的研发，他们研制的两台大型仪器，设计思路和技术指标在世界同类仪器中都是最先进的。

刘敦一吃过研发能力不足的苦，不想让后辈研究者多走弯路。于是他花了 20 年的时间，逐步建立了一个高端仪器的自主研发基地。这样，以后人们再研发高端仪器，就方便了许多。

正是有像刘敦一这样的前辈科学家锲而不舍的追求，才让我国的科学发展结出了累累硕果。现在，除了地球上的石头，我们还能知道其他星球上的石头的年龄了！

大约 45 亿年前，月球还是一团滚烫的岩浆。经历了数亿年的光景，月球上的岩浆活动逐渐停止，完全冷却，变成了神话中嫦娥居住的“广寒宫”。

月球到底是在什么时候彻底变冷的呢？

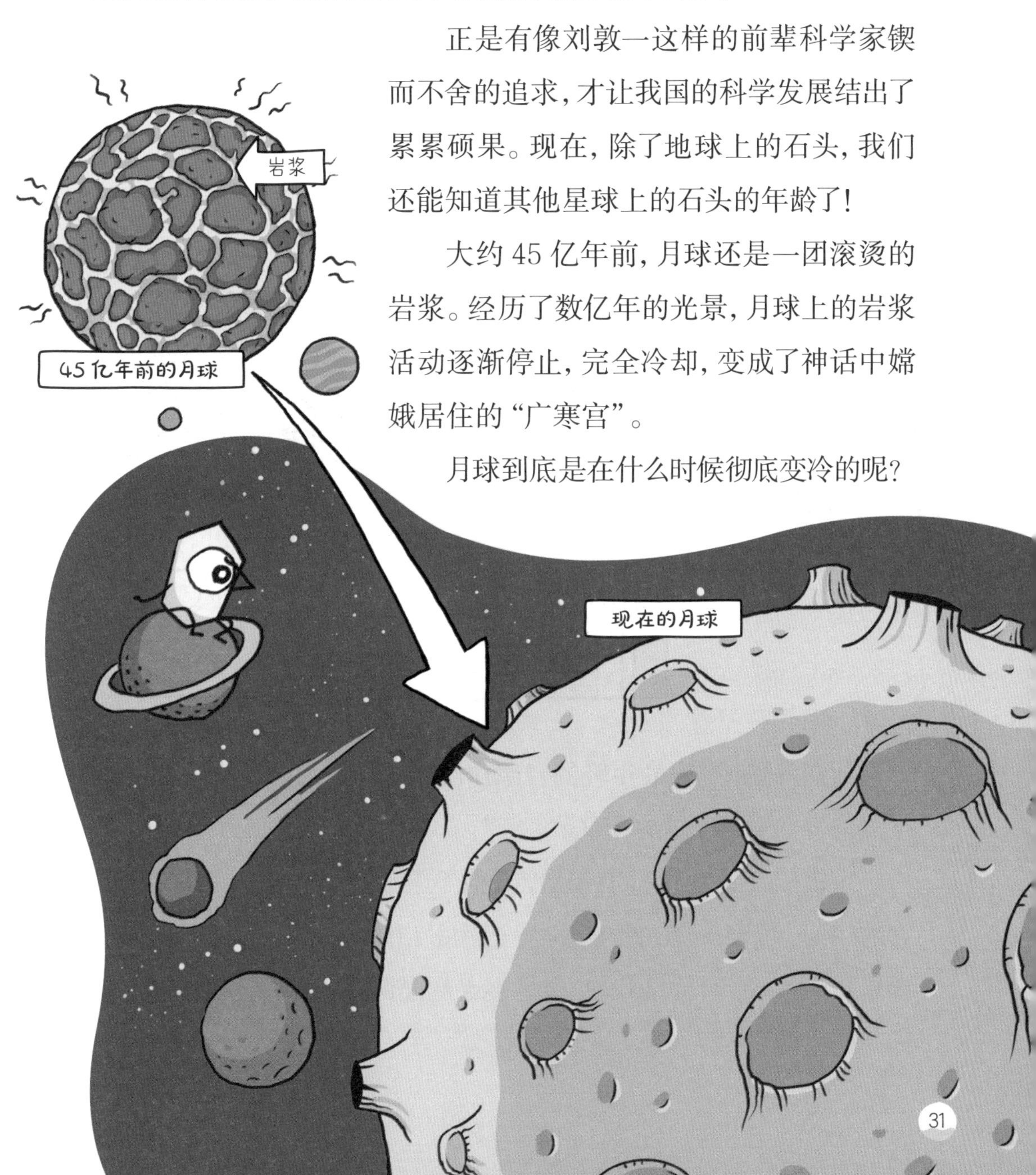

为了掌握月球活动的信息，我国在 2004 年开启了探月工程。2020 年 12 月 17 日，嫦娥五号月球探测器成功完成我国首次地外天体采样返回任务，将 1731 克的月壤样品带回了地球。

中国科学院院士李献华和他的团队已经努力了十几年，为分析月壤做好了充分的准备。

拿到样品后，他们用自主研发的精密仪器开始对这些月壤样品进行研究，只用了 7 天时间就完成了分析测试。

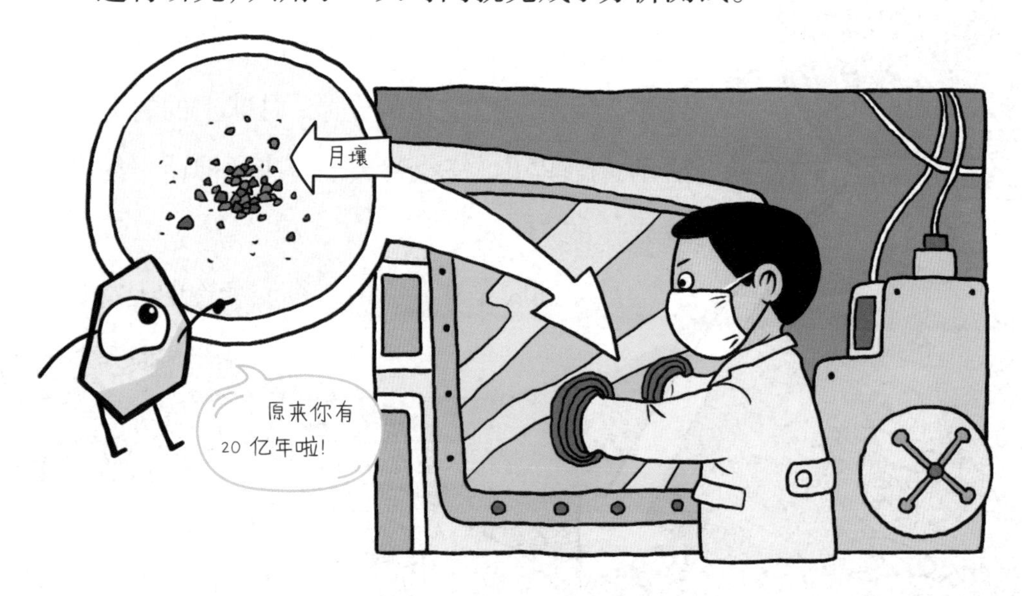

他们发现，月球最年轻的岩浆作用年龄大约为 20 亿岁，比之前推测的寿命又延长了约 8 亿岁。

宇宙中芸芸众生都有年龄，看似不会说话、冷冰冰的石头也有它的年纪。夜晚降临，仰望天空，当你手指闪闪繁星，告诉小伙伴这颗星星几岁，那颗星星几岁，会是多么炫酷的一件事。我相信有一天你一定做得到!

空中的“千里眼”
可以找到地下
宝藏吗？

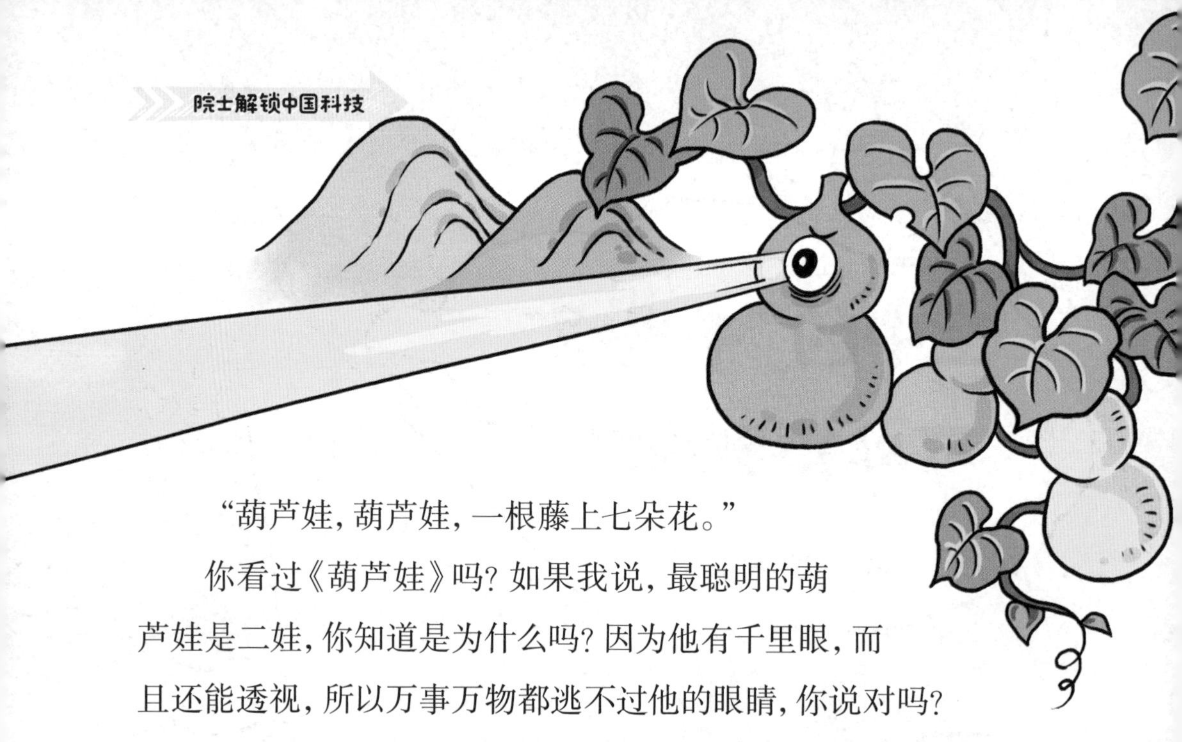

“葫芦娃，葫芦娃，一根藤上七朵花。”

你看过《葫芦娃》吗？如果我说，最聪明的葫芦娃是二娃，你知道是为什么吗？因为他有千里眼，而且还能透视，所以万事万物都逃不过他的眼睛，你说对吗？

其实，我们身边真的有“千里眼”，而且这个“千里眼”的能力比二娃厉害得多，不仅能从几万米的外太空就能“看”到地面的一举一动，还能绘制一张张通向地球宝藏的珍贵“藏宝图”，帮助科学家寻找地下蕴藏了数十亿年之久的各种矿产宝藏。

身边的“千里眼”究竟是什么呢？

这里说的“千里眼”指的是遥感技术。顾名思义，“遥感”就是从遥远的地方感知，也就是远距离探测。从外太空探测地球，的确够远了吧？

站得高才能看得远，“千里眼”自己上不了天，但它们可以乘坐交通工具呀。

小贴士

“千里眼”有很多种，有的“千里眼”能主动发出探测信号，不受云层、天气等自然环境影响，如雷达；有的“千里眼”则借助别的力量，比如太阳光，来绘制藏宝图，如光学遥感。

有的“千里眼”坐在人造卫星、宇宙飞船等航天器上，我们通常叫它们航天遥感；有的“千里眼”乘在气球、飞机、无人机等航空器上，我们通常叫它们航空遥感。

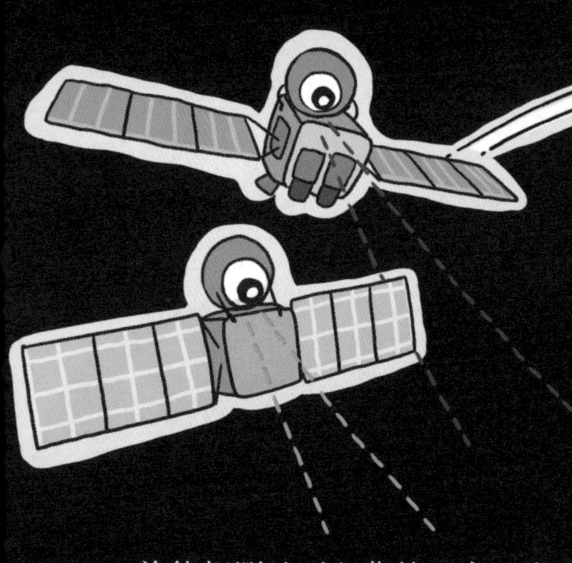

我国的航天遥感已经有一大家子成员了呢。1970 年，中国才有了第一颗人造卫星，现在，我们已经拥有了 500 多颗在天上运行的人造卫星，数量稳居世界第二。资源系列卫星、高分系列卫星上搭乘的航天遥感就是目前能探测地下宝藏的两大“千里眼”家族。

这两大家族里能人辈出，比如高分五号卫星能获得比一般“千里眼”更加精细的“藏宝图”。还有资源三号卫星，它能够获得一个地区不同角度的立体“藏宝图”呢。

通过这么多种“千里眼”的拍摄，地面上由科学家组成的地质寻宝小分队就能获得一张张十分有价值的“藏宝图”了。

这些藏宝图什么样？要怎么看才能发现宝藏在哪里呢？

通常来说，每一张“藏宝图”都是被加密过的，直接看很难看明白。要想解开“藏宝图”的秘密，就需要地质寻宝小分队层层“解密”，通过计算机来实现。

我国掌握了很多帮助解密“藏宝图”的技术，比如，有的技术让计算机模仿科学家的大脑开展寻宝工作；有的技术能同时分析数以万计的“藏宝图”，将所有线索聚集到一起来寻宝。

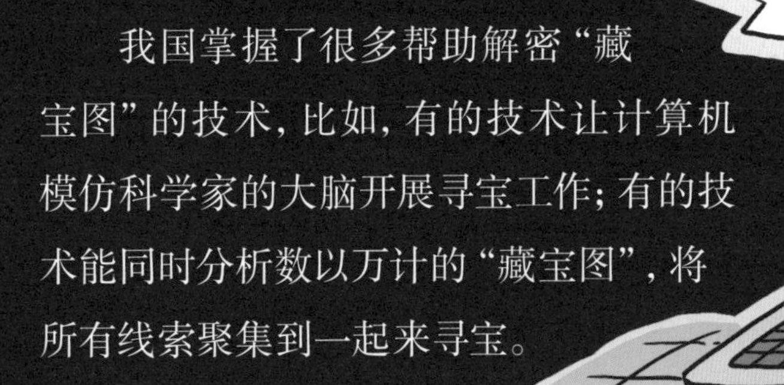

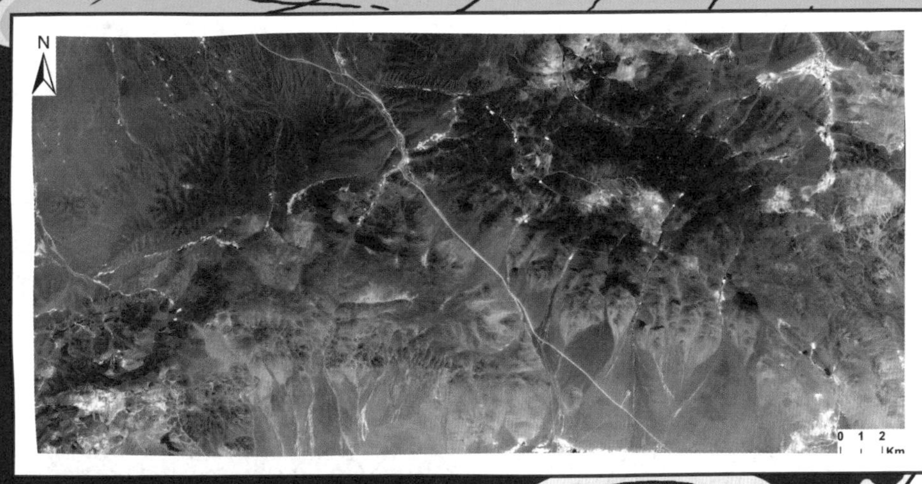

解密之后的“藏宝图”上，我们能够清晰地看到地面上不同的物质，特别是一些跟宝藏有关的石头的颜色、形状和花纹等特性，比如铁含量高的石头是红褐色，锂含量高的石头显出灰白色。

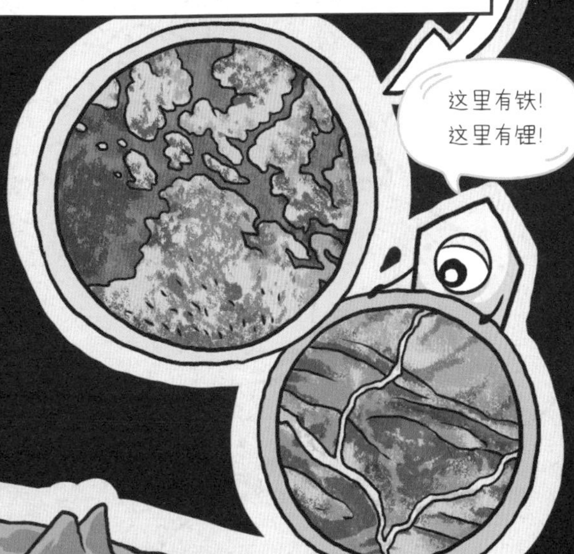

通常自然界“藏宝点”的石头会与周围有所不同。比如我们在图上发现一种蓝绿色的石头，这可能意味着它的铜含量很高；如果到了寻宝现场，也找着了它，就意味着离真正的铜矿不远了。

遥感在帮助我国科学家找矿上，起到越来越大的作用了。说起遥感找矿，我们就想到了中国遥感的领军者之一——郭华东院士。

20 世纪 80 年代中期，当时在中国科学院遥感所工作的郭华东带领了40 多人的科研小分队开始在新疆找金矿。

位于我国西北边陲的新疆阿尔泰地区，自汉代以来就一直有人在河流里淘金，可一直也没有找到金矿的位置。

郭华东想，既然旁边的水里有金子，那么山上肯定也有。人眼看不见，遥感说不定可以“看到”呢！

在阿尔泰哈巴河县，郭华东和同事们尝试用“千里眼”找金子。果不其然，他们发现图像上出现了一条条亮白色的条纹，十分抢眼。

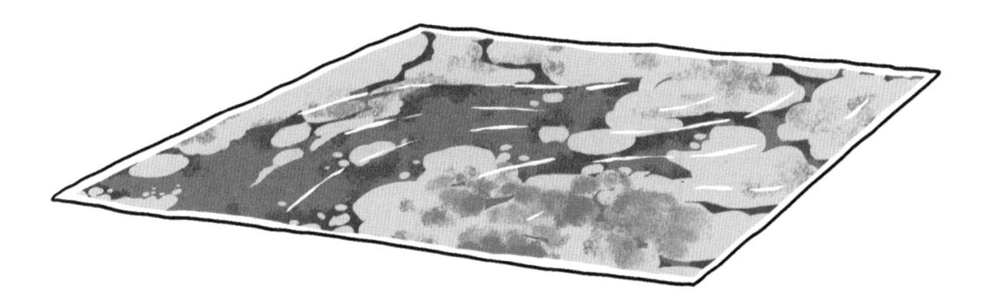

再到野外一看，一条条巨大的水晶就矗立在他们眼前，而这些水晶中就含金。郭华东兴奋极了。

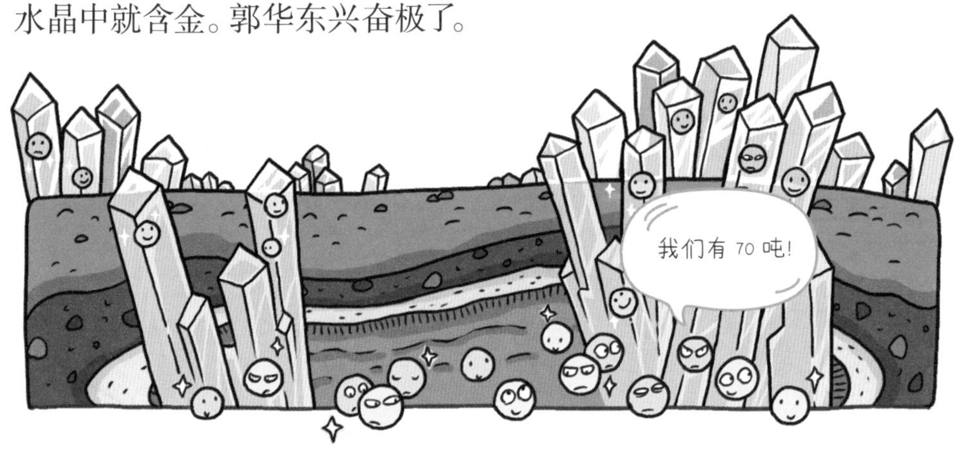

不过，事情并没有那么简单。“藏宝图”上很小的一块地方，对应在野外，很可能就大到无法想象。图上的每一条线索，都需要科学家们仔仔细细地勘查、寻找，需要他们用自己的眼睛来“明察秋毫”，不放过任何一块“可疑”的小石头。

就这样，郭华东和同事们按照图上的线索，不怕花时间，一条一条耐心地找，找到了含金水晶 46 条，预测其中含有 70 吨金呢。

用遥感技术直接发现金矿在当时可是件非常了不起的事情。

小贴士

中国科学院的陈华勇研究员就利用遥感光谱学技术，通过指针石头找到过很多矿产宝藏。他采集不同深度、不同位置的石头，通过实验测量和分析石头中的化学成分和波谱的变化规律，最后找到矿产宝藏的位置。

这么看来，利用遥感技术找宝藏好像也不是那么难嘛！

其实不然。

有些宝藏埋在地下数米甚至上千米的地方，即便遥感技术帮助人们找到了宝藏的线索，还需要科学家进一步地勘查和开发。

遥感技术还在不断地发展，也许未来，我们每个人都能使用甚至拥有自己的“千里眼”，到外星去探索，找到属于自己的宝藏。不过要想把技术“千里眼”变成自己的“千里眼”，让技术真正服务于人类，还需要拥有丰富的知识，以及科学家那样的耐心和细致才行呀。

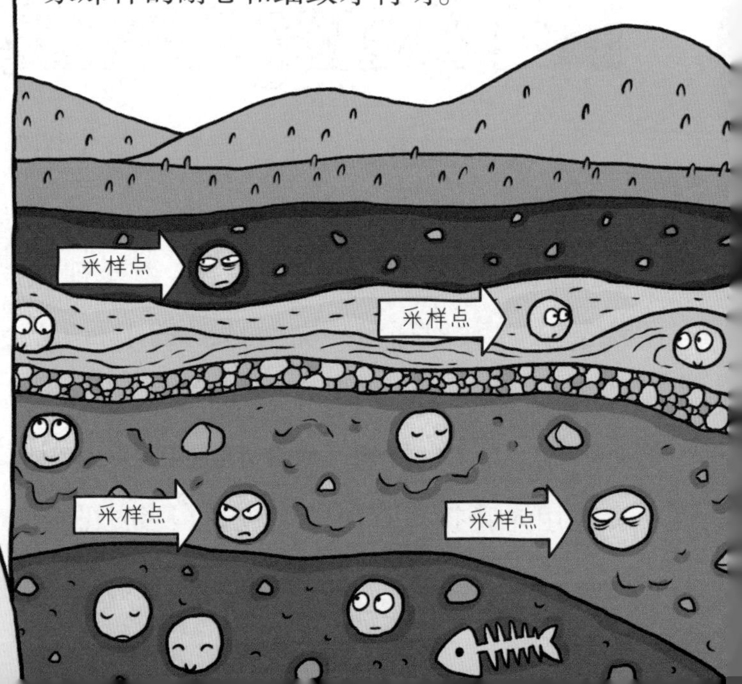

煤真的是树木
变成的吗?

在《西游记》里，唐僧一行被熊熊燃烧的火焰山挡住了去路，不得不向铁扇公主求救。可是，如果有人告诉你火焰山真的存在，你会不会大吃一惊？

100 多年前，在新疆昌吉硫磺沟一带，人们发现那儿总是浓烟弥漫，石缝中的火焰长年不断。

原来，这里地下埋着许多煤。由于当地干旱炎热，煤总是在自己燃烧，于是，就形成了一座“火焰山”。

你可能觉得煤的样子像石头，也许是由石头变来的？

但如果仔细观察，你就会在有些煤块上看到树木的叶、根、茎；如果把煤切成薄片，放到显微镜下，还能清楚地看到植物的组织。

原来，煤主要是从树木变来的啊！

远古的时候，地面上到处生长着高大茂密的树木。在海洋和湖泊里，也生长着许多低等植物。

可是，地球是个不安分的家伙，它会时不时调皮地“晃动”几下。每一次“晃动”对这些植物来说都是一场灾难。

植物们被泥沙深深地埋在地下，长期忍受着重压，被地心的热力烤着，还被细菌“干扰”。原来植物里的氧气、氮气还有其他一些物质忍受不了这样的“折磨”，纷纷跑了，剩下的经过时间的打磨，慢慢变成了炭。所以我们管煤也叫煤炭。

慢慢地，泥炭最先形成了。泥炭被埋得越来越深，受到的重压越来越大，温度也越来越高，里面碳的比例不断增加，逐渐变成更纯的褐煤、烟煤和无烟煤。

经受了上千万年甚至上亿年重重“考验”的植物们，最终成了一块块黑疙瘩。

泥炭

褐煤

烟煤

无烟煤

你可别小瞧它们，我们的生活根本离不开它们。

我们每天都要用的电有很大一部分是靠燃烧煤炭发出来的，冬天屋子里让你不再感到寒冷的暖气也有很多是用煤炭烧出来的。

但是，想要把煤炭从深深的地底下“请”出来可不是一件容易的事。以前，我国大部分的煤，都要靠矿工钻到地下漆黑狭长的矿井里，拿着工具一点一点刨出来，再一篓一篓地背回地面。

这不仅费时费力，地下还容易产生各种事故，比如爆炸、火灾、透水、塌方等。

现在，随着科学技术的发展，在一些大型矿区，我们已经采用

了世界领先的智能化采煤技术。人们在安全的地面用电脑远程操控采煤机去切割煤块,再用输送机长长的输送带把煤运上来。

有了这些先进的"大家伙",原本需要 15 个人干的活,现在只需要 5 个人就可以干完了。这不光节省了时间和体力,减少了事故,每天采出来煤的数量还增加了呢。

小贴士

我国大部分地区都有煤炭分布。每年生产量最多的 4 个地区分别是山西、内蒙古、陕西和新疆。到 2020 年底,我国发现可开采的煤炭储量位于世界第三位。

我国煤炭勘查和开采能达到现在这样领先的水平，离不开一代又一代人的努力。

在 20 世纪 40 年代，淮南煤田每年出产的煤炭越来越少，远不够人们用了。这急坏了地质学家谢家荣。

上哪儿找新的煤田呢？

谢家荣带着疑问，来到南京，开始研究各种地质资料。

查了淮南地区一张张的地质图后，一条奥陶纪石灰岩出露进入了他的视线。谢家荣推断出那附近可能有煤。

二话不说，他带上队员们出发了！

当时正是兵荒马乱的，野外考察需要的工具很多都买不到，而政府给他们的经费又非常少。

但在谢家荣这儿，这都不是事。

买不到磨制岩石薄片需要的加拿大胶，他就用其他胶溶在松节油中来代替。钱少就省着花，当时野外考察，每人每天可以有 8 元补助费，但他们经常 3 个人一天才花 8 元钱。

谢家荣总是能想到解决的办法。

他说:“必要时一切事可由我们来做,省下的钱我们要留作野外调查之用。万一公家一时不给我们款子,那我们只有吃饭不拿薪,我们学地质的应有这种苦干精神。”

这一天,队员们在一棵树下休息。突然,一个队员发出了惊喜的叫声。谢家荣立刻跑了过去。

原来,队员无意中冲刷出了一块基岩露头。谢家荣用放大镜仔细一看,高兴地说:“太好了,脚下就是太原组了!”

就是在这样艰苦的条件下,谢家荣带领队员们发现了新的八公山煤田,这可解决了华东地区的大难题。

中华人民共和国成立后,人们又按照谢家荣的思路,在八公山煤矿周边发现了一片更大的煤田,储量占当时全国储量的19%,成为全国八大煤炭基地之一。

除了淮南,新疆的煤炭也非常多,可是在中华人民共和国刚成立时,却因为没有人懂煤炭勘查,那儿的人们只能忍受着寒冬。

这一天，号称“新疆地质通”的王恒升带着解放军来到了乌鲁木齐的市郊。他指着冰雪覆盖的冻土说：“就在这里挖，36尺见煤。”

人们心里嘀咕着，真的能这么精准说出煤的位置？

人们将信将疑地在他指的地方挖了起来。

冰雪下面是沙土，挖到30尺，沙土下面出现了黑色的煤粉。王恒升又说：“这是风化的煤线，再往下挖。”

31尺、32尺……

人们的眼睛都紧紧地盯着。在34尺处，乌黑乌黑的煤终于出现在人们面前！人们简直不敢相信自己的眼睛，可眼前呈现出的确实是大家急缺的煤啊！

王恒升并没有满足，他又继续寻找新的煤矿，最终顺利开采出了六道湾露天煤矿，让新疆老百姓的冬天从此不再寒冷。

正是有了像王恒升院士这样的地质通，我们现在才能随时有电用，冬天有暖气。同学们，希望将来，大家都可以用知识让我们的生活更舒适。

石头也会开花吗?

当然会!

石头不但会“开花”，而且它们开出的“花”还形状各异、五颜六色。有的像菊花、有的像荷花、有的像玫瑰……

我们天天都能看见石头，可你知道石头是什么吗？石头其实是由一种或多种矿物聚集在一起形成的一个个集合体。

就像每个班的同学们都有高有矮，有胖有瘦一样，每种矿物的身材长得也不一样。

小贴士

在大自然中，有的矿物不喜欢和陌生人打交道，只喜欢和自己人一起生活，它们就是单晶体。而有的矿物喜欢和朋友们整天聚在一起，这就是集合体。

单晶体

集合体

有的矿物会变成瘦高个，长成柱状或针状，比如电气石和绿柱石；而有的矿物身材很宽阔，会长成一片片的样子，比如白云母；还有的矿物矮墩墩的，比如黄铁矿。

许许多多长得差不多的矿物组合在一起的集合体，就像是一套每个零件都差不多的拼图，能拼出不少图案呢。你看这个沙漠玫瑰石，是不是就像用一个个零件拼出的花朵呢?

沙漠玫瑰石

而许多长得不太一样的矿物组成的集合体，就像这套拼图里有许多不同形状的零件，能拼出来的花样是不是就更多了?

不同的矿物除了形状不同，颜色也是五彩斑斓的。

有的矿物本身就带有颜色，就像有的同学皮肤白净，有的同学拥有健康的小麦色皮肤。

有的矿物喜欢打扮自己，穿上不同颜色的衣服，甚至还不止穿一件衣服，比如黄铁矿，脱掉黄铜色的外套，我们才知道原来它是黑绿色的。

你看我们漂亮吗?

有的矿物会变色，比如赤铁矿，有着红褐、钢灰或铁黑的“肤色”，可是如果它被“划伤”，“皮肤”就会变成樱桃红色。

地球中有许许多多的矿物大拼图，它们不光是形状不同，颜色也不同。大自然就是用这些拼图，拼出了一块块像各种花朵一样的石头。

石英

比如石英，就是地球中拼图数量最多的矿物了。石英喜欢和朋友们一起玩耍，一起组成漂亮的花朵。你看，这块石英矿石像不像一朵含苞待放的花朵？

石英本身就是一块无色透明、晶莹剔透的小石头。但它可爱美了，总是喜欢把自己打扮得漂漂亮亮的。

有时候它会穿着名为“铬”的黄色衬衣，有时候它又会穿着“镁”和“铁”点缀的绿色小皮鞋，有时候它也会穿着材质为“钛”的粉色连衣裙。

石英爱美，但它可不是光有颜值没有内涵哟。

猜一猜，在我们生活中扮演重要角色的电脑和手机，它们的心脏是什么呢？没错，就是芯片。而制作芯片的主要材料就来源于石英。代表未来科技发展方向的人工智能领域，也缺不了石英这颗“心脏”呢。

而在石英家族中最聪明的还得属高纯度石英，它可是石头界的“诸葛亮”，本领大，但是很难被请出山。也正因为如此，我国的芯片原材料曾经主要靠外援。

说到把高纯度石英请出山的“刘皇叔”，还得是王建平教授。

一直以来，王建平教授都想找到我国的高纯度石英。他知道，总是依靠外援，一旦外援不来，我们自己就什么都干不成了。这怎么行呢？

可是，很多专家都认为这是天方夜谭，这么多年了国内都没有发现过高纯度石英的踪迹，如果我国有，早该被发现了吧。

世界上只有美国的北卡罗来纳州有一座可生产高纯度石英砂的矿山。王教授不信邪，决心要破除美国这个高纯度石英砂的神话。

王建平教授曾经带领地质队走进“生命禁区”的藏北，为国家发现了 70 余处金、银、铜、铅、锌等的矿产地。

“他说的一定靠谱！”大家都愿意相信他。

于是，王建平教授和他的团队“三顾茅庐”，踏上寻访“诸葛亮”——高纯度石英的旅途。

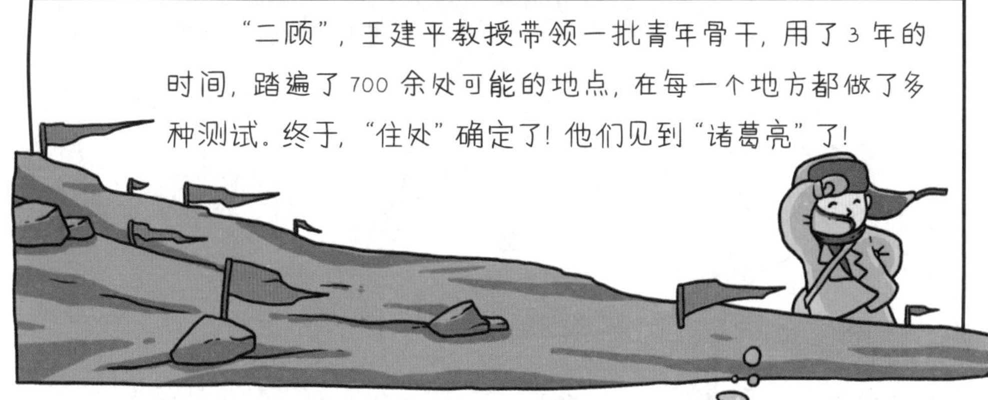

可是，如何把散落在那么多不起眼的石头里的高纯度石英提取出来，完成“三顾”，把“诸葛亮”请出山呢？

这个时候，又一位高人——陈健研究员主动出山相助。陈健研究员可是在大规模提纯硅方面具有丰富经验的专家。

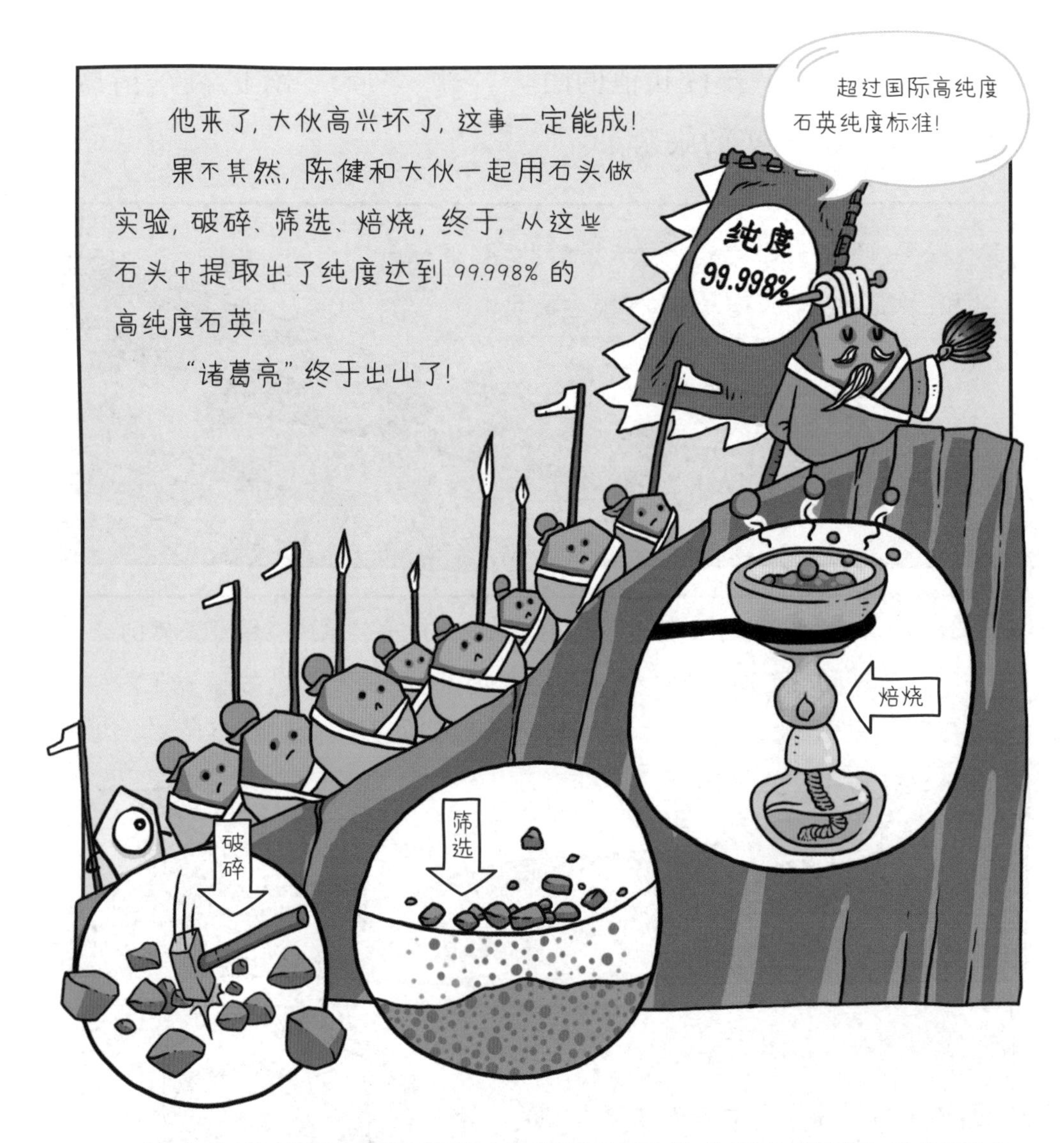

这个实验结果超过了国际上高纯度石英砂纯度标准！我们再也不用等那些昂贵甚至永远也等不来的外援了。

同学们，石头开的花是不是非常坚强有力？但是没有科学家发现的眼光和执着的精神，石头永远是一块不起眼的石头，永远不能成为高科技产品的心脏。

铜真的有臭味吗?

东汉时期，有个叫崔烈的人，为了光宗耀祖，花了500万文铜钱买了一个大官。可是他发现虽然他当了大官，但别人都不愿意理他了，于是他就问自己的儿子：“我现在这么大的官，大家为什么不理我？”儿子回答道：“大家说你身上有铜臭气。”后世便用“铜臭”来讽刺那些唯利是图的人。

实际上，铜本身没有气味，但放在空气中时间久了，铜上面会产生一种叫铜绿的绿色东西，这种东西的确有一种臭臭的味道。

其实自然界中的铜，不光会产生铜绿，还会产生两种矿石，蓝铜矿和孔雀石，它们被称为铜家族的绝色姐妹。蓝铜矿如蓝天大海般湛蓝，而孔雀石如苍松翠柏般翠绿。

铜是人类最早使用的金属之一。由于使用了铜，人类文明从石器时代晋级到了青铜时代。

古时候，人们用铜来制造很多日常生活的用具，比如铜刀、铜箭、铜锅等。有了用铜制作的各种精致工具，人类终于不用再依靠粗糙、笨重的石头打猎、做饭了。

古代

铜有很多优点，它很能导电，导热很快，也很会变形，可以被拉得很长很细。但铜比起同样具有这些能力的金属，如金、银，价格又很亲民。于是，现代社会，人们对铜的需求量越来越大。比如电力输送用的电缆、插座里的铜片、军舰上的螺旋桨等，都缺不了铜。

在我国甘肃省白银市金鱼公园，有一个开拓者纪念碑，碑文中有一个闪亮的名字——宋叔和。

1951年，为了给新中国找到优质的铜矿，年轻的宋叔和放弃了在南京的舒适工作环境，主动申请去白银厂地区找矿。

白银厂位于祖国的大西北，风沙很大，条件艰苦，号称“天上无飞鸟，地上不长草，有沟无水流，风刮石头跑”。

宋叔和的工作、生活条件更差，一间破庙既是住处，又是办公室，几张芦席围起来的就是厨房，经常吃掺着沙子的馒头和米饭，喝的水也苦涩难咽。

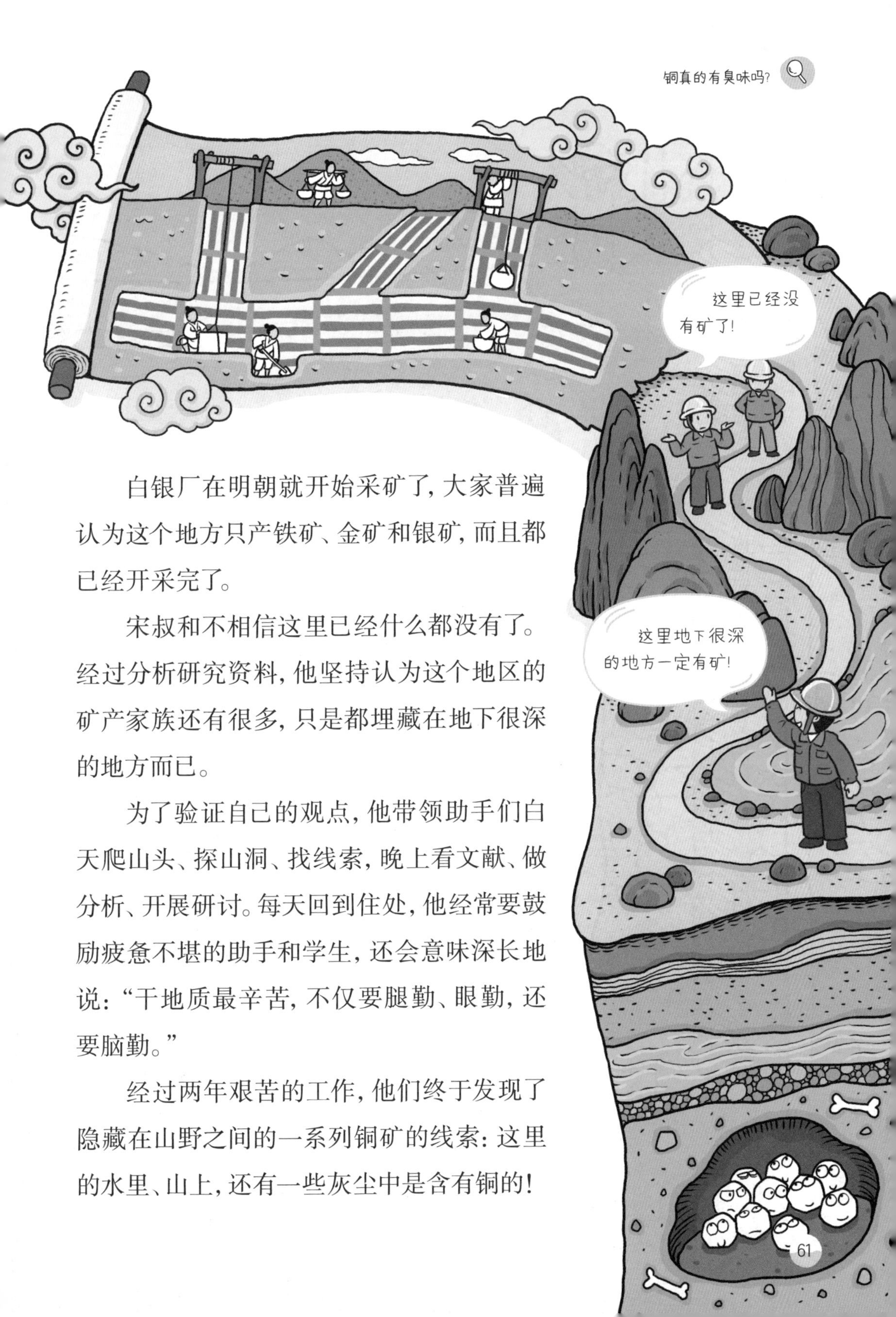

白银厂在明朝就开始采矿了，大家普遍认为这个地方只产铁矿、金矿和银矿，而且都已经开采完了。

宋叔和不相信这里已经什么都没有了。经过分析研究资料，他坚持认为这个地区的矿产家族还有很多，只是都埋藏在地下很深的地方而已。

为了验证自己的观点，他带领助手们白天爬山头、探山洞、找线索，晚上看文献、做分析、开展研讨。每天回到住处，他经常要鼓励疲惫不堪的助手和学生，还会意味深长地说："干地质最辛苦，不仅要腿勤、眼勤，还要脑勤。"

经过两年艰苦的工作，他们终于发现了隐藏在山野之间的一系列铜矿的线索：这里的水里、山上，还有一些灰尘中是含有铜的！

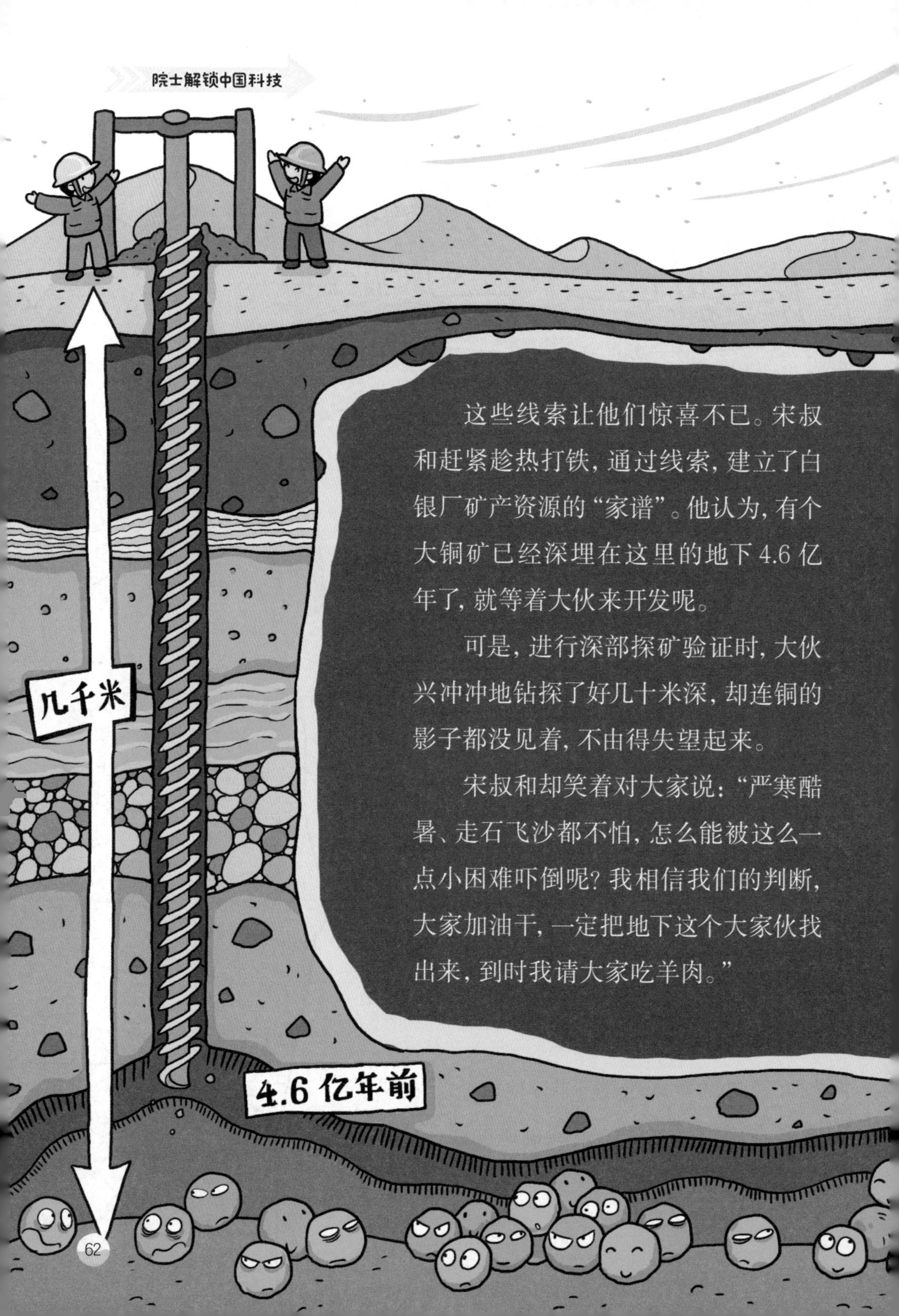

这些线索让他们惊喜不已。宋叔和赶紧趁热打铁，通过线索，建立了白银厂矿产资源的“家谱”。他认为，有个大铜矿已经深埋在这里的地下 4.6 亿年了，就等着大伙来开发呢。

可是，进行深部探矿验证时，大伙兴冲冲地钻探了好几十米深，却连铜的影子都没见着，不由得失望起来。

宋叔和却笑着对大家说：“严寒酷暑、走石飞沙都不怕，怎么能被这么一点小困难吓倒呢？我相信我们的判断，大家加油干，一定把地下这个大家伙找出来，到时我请大家吃羊肉。”

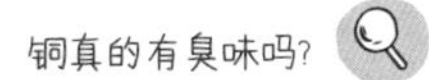

大家被他的话逗乐了。其实大家都是相信宋叔和的,就和他一起坚持不懈地挖掘。终于,深埋地下的大铜矿被找到了。

宋叔和找到大铜矿还是在中华人民共和国成立初期。随着我国科学技术的腾飞,在很多标志着未来发展方向的新科技领域,铜越来越多地起着至关重要的作用。

比如,铜在快速发展的新能源汽车领域得到了广泛应用。同时,航天技术也充分利用了铜,将它作为制造火箭发动机的重要材料之一。

越来越多的领域需要使用铜,原来的铜不够用了,下一步再去哪里找大铜矿呢?

中国地质科学院矿产资源研究所的唐菊兴研究员开始苦苦思索。他带领团队对全国 1000 多个铜矿“家族成员”进行排查，寻找规律。一个个矿产地被排除之后，最后剩下的只有青藏高原。

青藏高原

从 1995 年开始，唐菊兴和他的团队每年在茫茫的雪域高原工作时间超过 6 个月，一边与高原反应做斗争，一边艰难寻找打开青藏高原铜矿宝库的钥匙。

有人问：“国外铜矿资源很多，我们为什么不直接去买呢？”

唐菊兴严肃地说：“如果我们都从国外买，一旦遇到特殊情况，国外不卖给我们了，国家怎么发展？”

“山高坡陡轻胜马，一把铁锤任平生。只要我们爬到山顶，就能看到世界上最美的风景。”抱着这样的乐观精神，他们终于成功了！

很多科学家平时默默无闻，并不光鲜耀眼，但正是因为有他们在工作，为国家保驾护航，如今的我们才能愉快地享用着高科技产品，一起畅谈未来。你愿意成为这样的科学家吗？

“妖镍”，你从哪里来？

300 多年前的一天，一艘巨大的商船缓慢驶入英国的码头。这艘船满载着从中国带回来的茶叶、丝绸和香料等货物，另外还有一种在欧洲从来没有人见过的神秘金属。

这种金属有着银白色的光泽，中国人称它为白铜。它坚硬还不会生锈，能用得上的地方很多，在欧洲广受欢迎。可进口又慢又贵，欧洲的铜矿商们就试着自己提炼，但怎么试都不行。于是，他们恼怒地叫它“妖精铜”。

又过了好些年，瑞典科学家才终于提炼成功了，并将其命名为镍。

镍这种金属虽然好用，可在冶炼镍的过程中，往往会产生一种剧毒的物质——砒霜，工人们的健康大受其害。人们把镍称为“妖镍”，可真是名副其实了！

小贴士

砒霜，大家在古装影视或者小说中可能见过，是一种剧毒的物质。砒霜本身是白色的，古代提炼技术不精，不纯的砒霜往往显现出红色，所以我国古代也叫砒霜为“鹤顶红”。不过，真正丹顶鹤的红色头顶可没有毒呀。

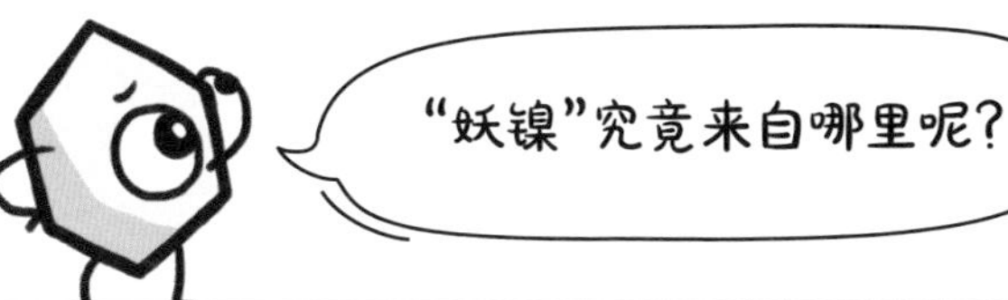

《西游记》里的妖精，很多都来自神仙家里，很有背景。镍也一样，它大有来头。地球上的镍，竟然有一些来自太空呢！

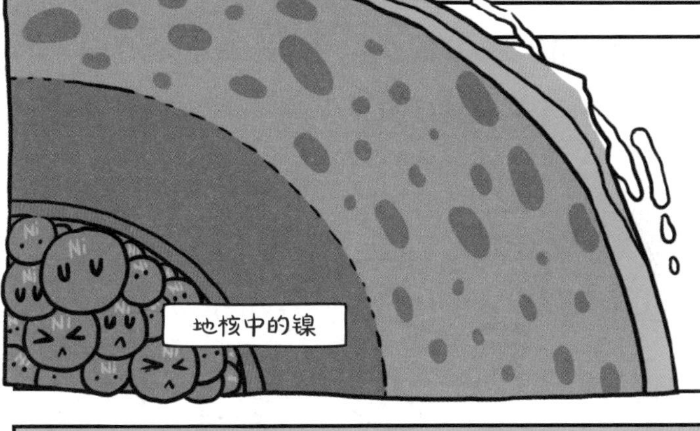

地球上是有“本土”镍的，大部分都在地球形成的时候沉到了深深的地核当中。

而另一个“妖镍大本营”在火星和木星之间的小行星带中。有时候，一些小行星不小心落到了地球上，成为陨石，太空中的“妖镍”，就随之来到了地球上。

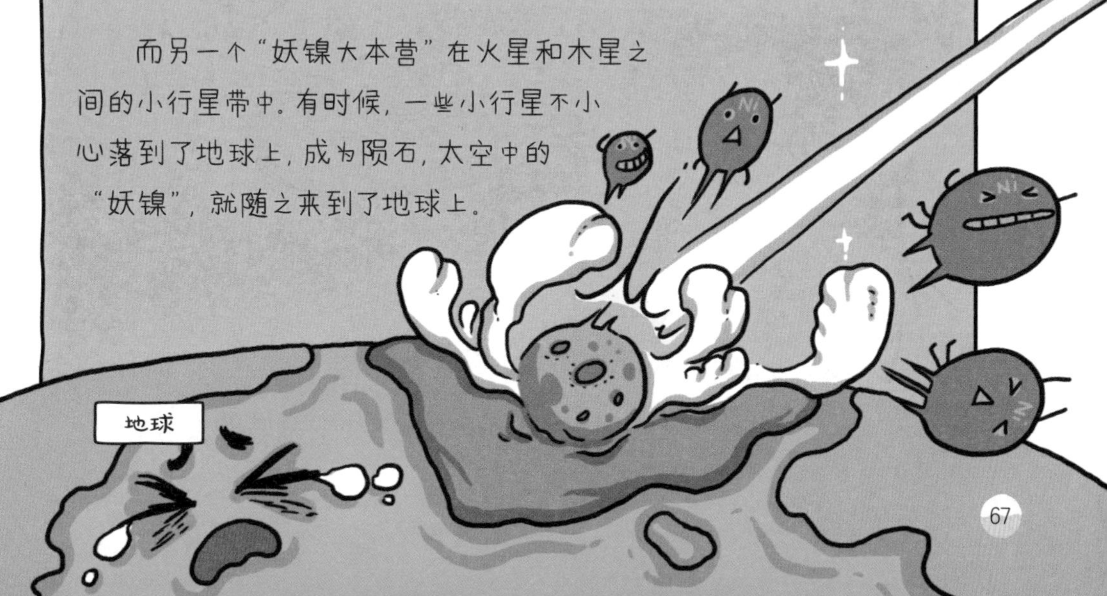

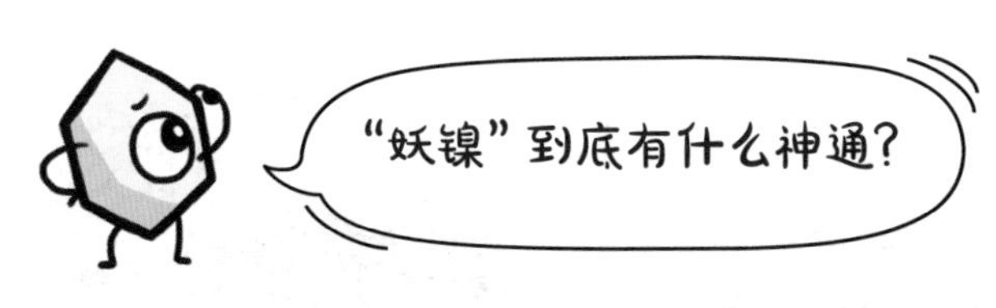

“妖镍”虽然淘气，但它“神通广大”，为人们的生活带来了很多好处，所以，人们还是很喜欢它的。

人们早就知道镍不容易生锈了，所以常常把它和其他金属合在一起，制造抗腐蚀合金。

大家平时很常见的不锈钢，其中不少就是含镍的。含镍的不锈钢既不怕水，又不怕酸、碱、盐。其他金属中往往也只要加上很少的一些镍，就能变身为坚强的金属“战士”，所以，飞机、舰艇、坦克还有各类机械上，都有“妖镍”的身影!

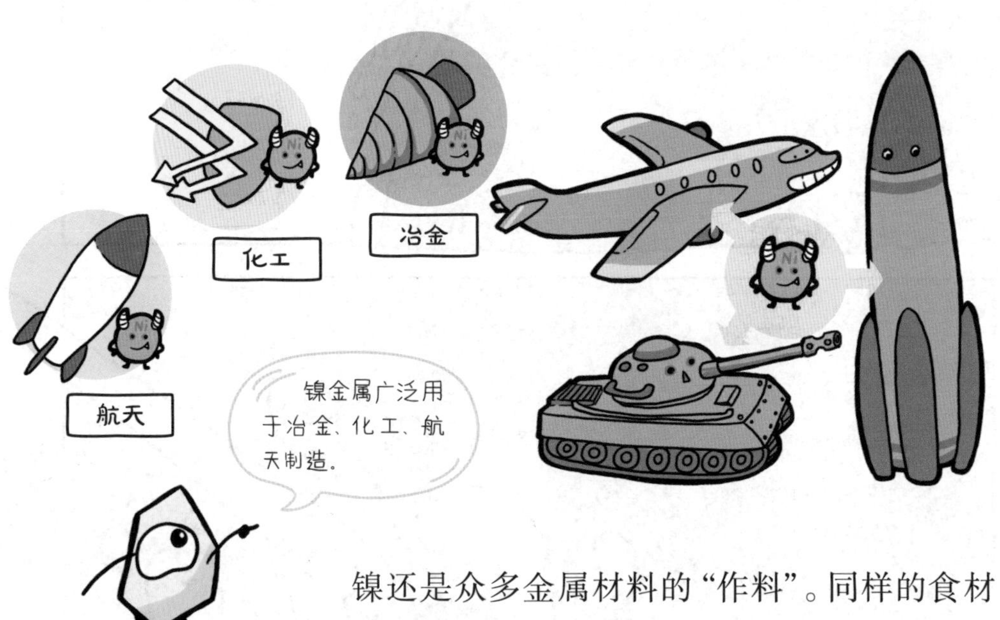

镍还是众多金属材料的“作料”。同样的食材配上不同的作料，口味就可能千差万别，而任何金属中只要加少许的镍，都会发生奇妙的变化。

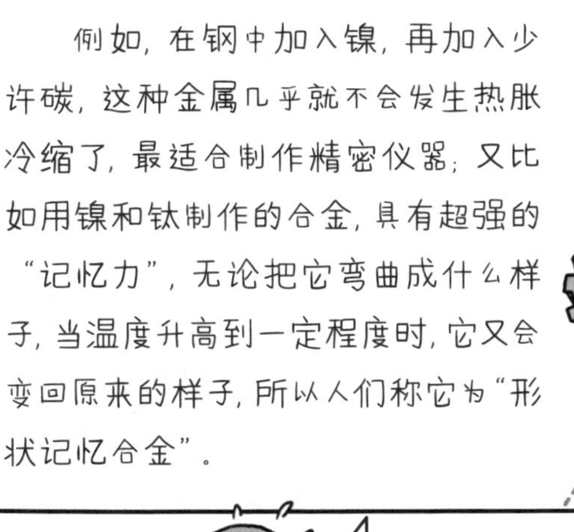

刚刚我们提到，大部分的镍都深埋在地球的核心当中，这些镍是没办法开采的，可镍的用途又这么大，那我们国家的镍从哪里来，够用吗？

其实，地球表层还是有镍矿的，只不过不那么容易被发现。

中华人民共和国成立后，我国的钢铁工业急需制造合金钢的镍。当时的中国还没有大型的镍矿。

曾经有10多年，中国被外国视为“贫镍国”，镍只能靠进口，还常常被外国限制，要么不卖，要么用远高于市场价的价格卖。

面对这种形势，我国科学家们暗暗发誓，一定要找到自己的镍矿。

地质学家李四光，曾对学地质专业的大一新生说，做中华人民共和国的“土地公公”“土地婆婆”，把土里的宝贝们都找出来。

这群新生中，有一个叫汤中立的年轻人，记住了这段话。毕业后，他怀揣着“为祖国找矿”的梦想，毫不犹豫地奔赴地质事业的最前沿。

要知道，这个“最前沿”可是最荒僻、最艰苦的地方。到了工作的祁连山，汤中立真的被现实吓到了，那里竟然连住的房子都没有，哪怕是帐篷都不够！

“每天晚上找到帐篷才有地方住。有一次，我们完成工作后没找到帐篷，冻了一晚上。”汤中立说。

不过，艰苦并没有磨灭汤中立的梦想，他的梦想逐渐在工作中生根发芽。

两年后，汤中立已经是祁连山地质队的一名技术负责人了。他时常要带领队员巡回检查各地送来的矿石标本。

有一次，汤中立被一块核桃大小的绿色矿石标本给吸引住了。

在小山一般的矿石标本堆中，这么小一块矿石非常不起眼。可汤中立凭借自己的专业知识和经验，敏锐地捕捉到了它，他知道，这块小石头不一般。

他马上凑过去，像发现宝贝似的拿起它，轻轻擦去尘土，仔细观察起来。他紧盯着那块小小的矿石，迅速在自己的脑海中像过电影似的进行了一遍记忆搜索。一会儿之后，他果断判定，这块矿石是一块铜矿石！

它从哪里来？去标本的发现地，说不定会有更大的发现呢。

汤中立马上与送标本的同事取得联系，急切地赶往这块矿石的发现地。不去不知道，这一去可就有了大发现！汤中立从此揭开了一个大镍矿的神秘面纱，这里后来被称为金川铜镍矿。

随着勘探深入，金川铜镍矿跃升为世界级大镍矿之一，被邓小平爷爷称为“中国不可多得的金娃娃”。从此，中国进入世界主要产镍国的行列。

汤中立后来成了大科学家、大院士，他最初的梦想成真了，真的成了新时代的“土地公公”。但每次回想起当年，他只是淡淡地说：“这些是全体工作者共同努力的结果，而我自己所起的一分作用只是面对困难不灰心，勇敢地去探索而已。”

随着我国经济的飞速发展，万能的镍也将不能满足各行各业的海量需要。到哪里去寻找淘气的镍呢？到地下？到海底？科学家们正在努力探索，聪明的你有没有想到什么好办法呢？

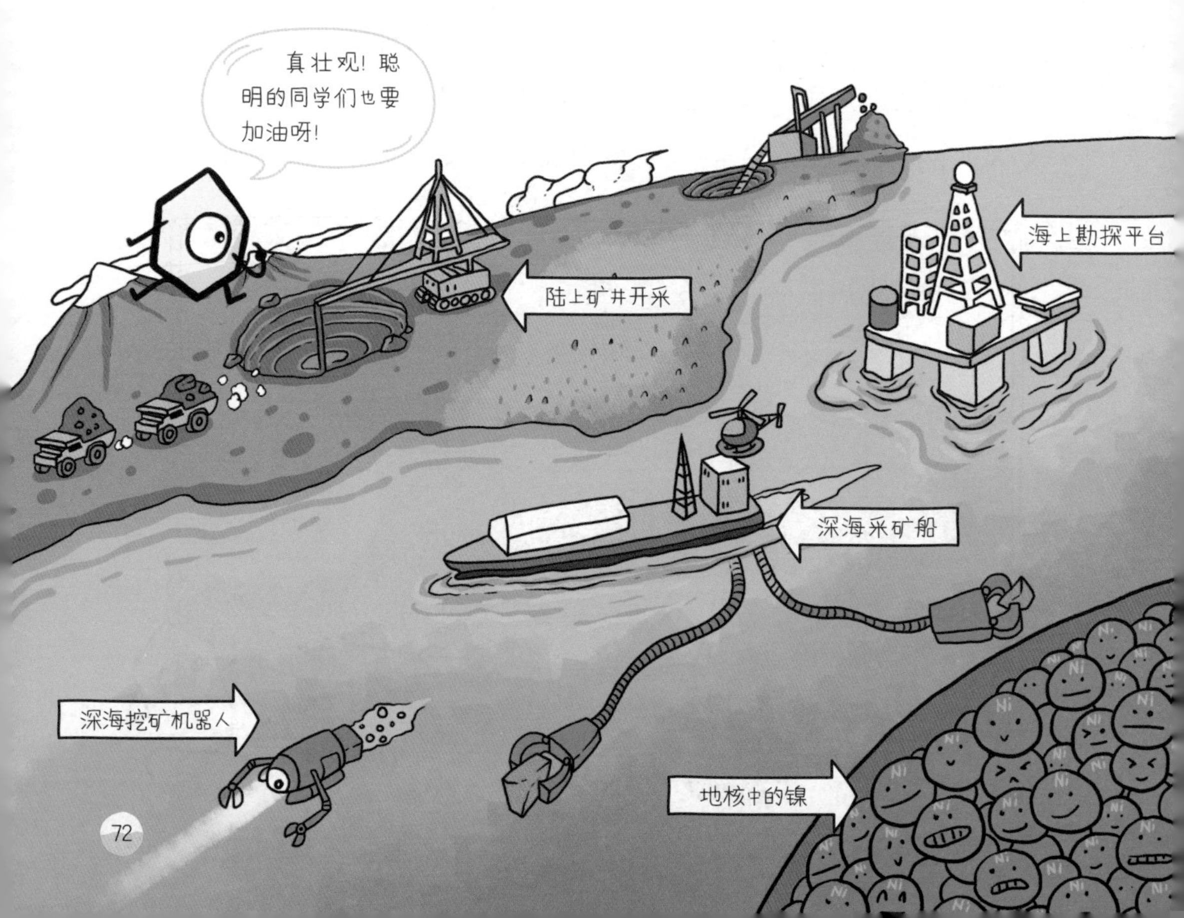

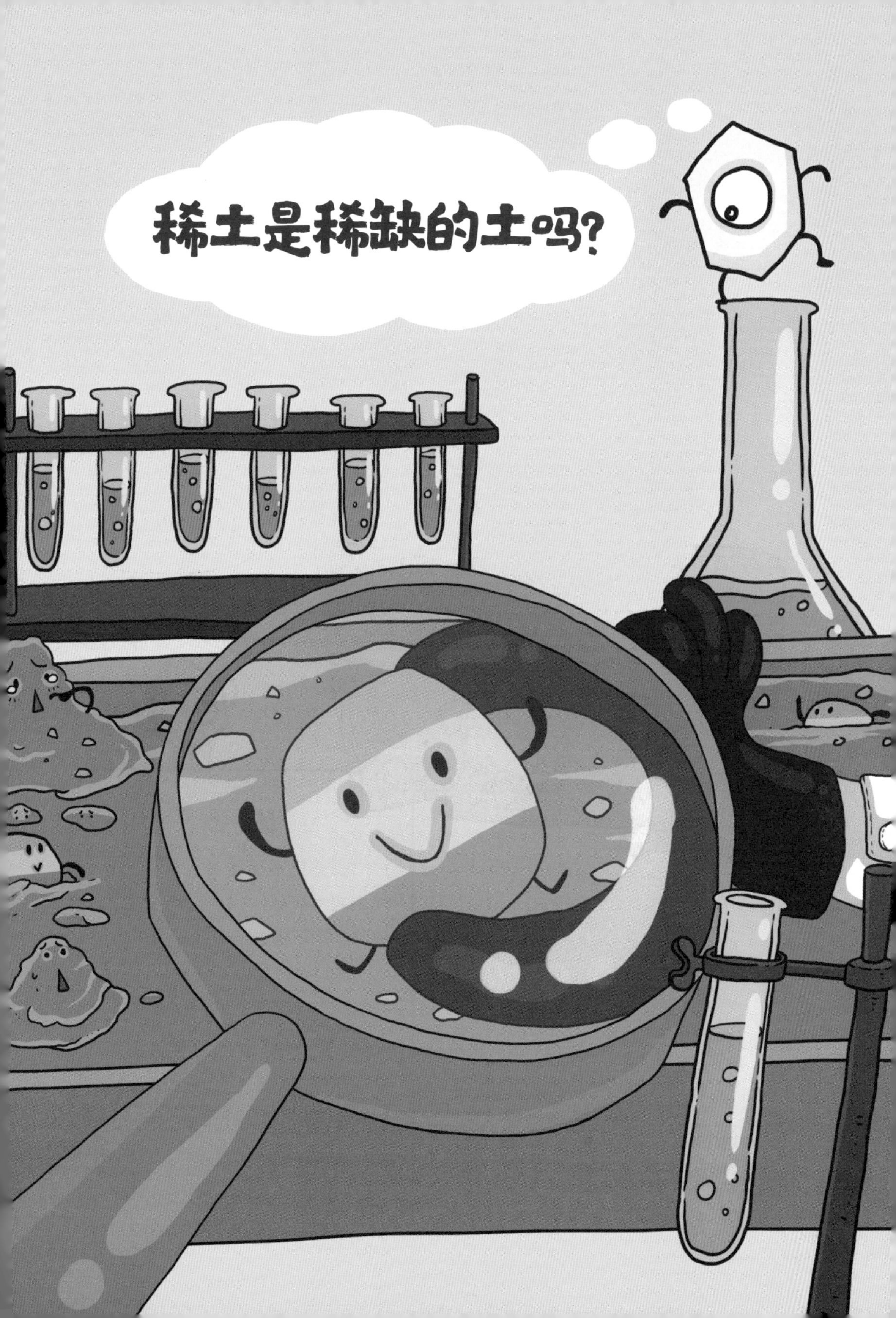
稀土是稀缺的土吗?

你有没有发现，在你上下学的路边、学校的花园里、家里的盆栽中，总是能看到一件不起眼的东西，那就是泥土。黄的、黑的、红的，粗的、细的……可真是一大家子。

稀土也是泥土“家”里的成员吗？

不是的。

稀土与泥土并不是一家子，不能进一家门，它应该进的是金属这个“家门”。

小贴士

稀土这个金属大家庭一共有17个兄弟姐妹，它们的名字可都不好念，看看你能叫出几个？

它们是镧（lán）、铈（shì）、镨（pǔ）、钕（nǚ）、钷（pǒ）、钐（shān）、铕（yǒu）、钆（gá）、铽（tè）、镝（dí）、钬（huǒ）、铒（ěr）、铥（diū）、镱（yì）、镥（lǔ）和钪（kàng）、钇（yǐ）。

那稀土怎么带个“土”字？

这是因为，在稀土刚被发现的那个年代，科学家们只能提取出一些不溶于水的固体物质，而这些固体被人们称为土，于是，稀土就有了这个迷惑人的名字。

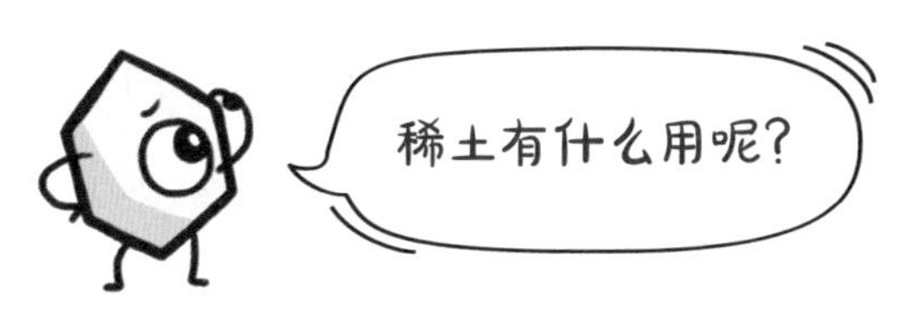

稀土顶着这么个有点“土”的名字,但作用可不“土”。

在生产新能源汽车、使用太阳能或风力发电时,来上那么一点点稀土,立马就能起大作用。就像维生素一样,虽然少,但却是我们身体必不可少的元素。因此,稀土也被称为“工业维生素”。

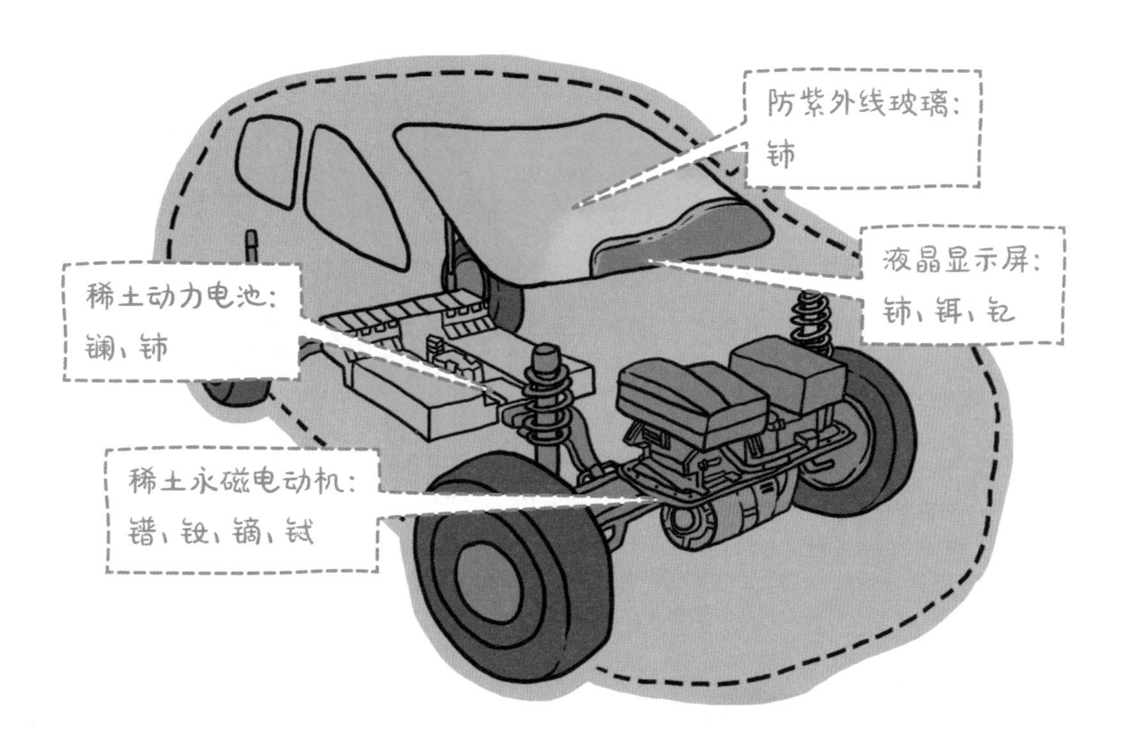

其实,稀土不光是“工业维生素”,还是粮食生长的“小助手”呢。

在 20 世纪 70 年代,让人们都吃饱饭可是件大事,许多科学家都跑去田间地头进行研究,这其中就包括了李东英院士。

李东英可是稀土方面的大专家，研究的是在卫星、导弹上用稀土。他怎么跑到田里去了呢？

原来，他一直觉得，稀土应该被用到用量更大、覆盖面积更广的领域。

他说："稀土有优良的性能，能带来很高的效益。"

慢慢地，李东英的心里有了一个大胆的想法，那就是把稀土用到当时没有用过的地方。

量最大的是什么？他总是在心里这么问自己。是粮食啊！

对，就把稀土用在粮食上。

可在当时，他这话一说出来，就被认为"不可能"，甚至还有不少嘲笑的声音。

他麻利地穿上粗布衣，摇身一变成了“农夫”，下了田。

把稀土用在农业中，还真比想象中的困难呢。可是，李东英的字典里没有“放弃”两个字。他带人在田里一遍又一遍地用麦子和棉花做对比试验。

一次次的试验结果出来后，大家心里都乐开了花。李东英的想法没错！用了稀土的粮食产量明显高了不少，对糟糕环境的“抵抗力”也更强了。

产量上去了，那质量怎么样呢？

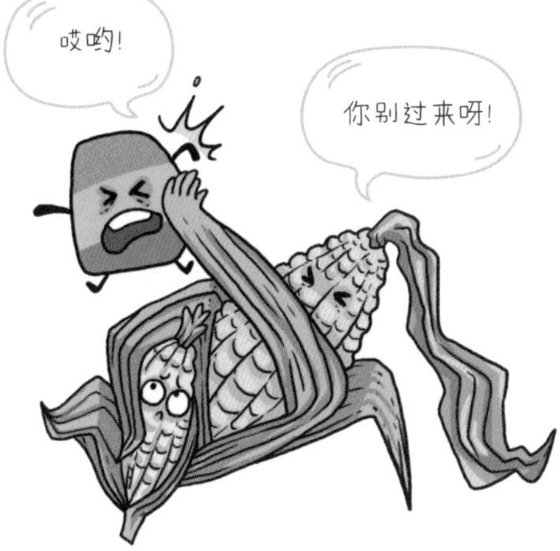

在检测果实的时候，大家心里都很紧张。要知道，过量的稀土可能对人体有害，如果果实里有，那一切努力就都白费了。

最终结果出来了，稀土元素不会进入果实。所有人都沸腾了，试验成功了！

李东英的这次尝试可以说是世界性的创新。在不到20年的时间里，全国的粮食都用上了稀土。

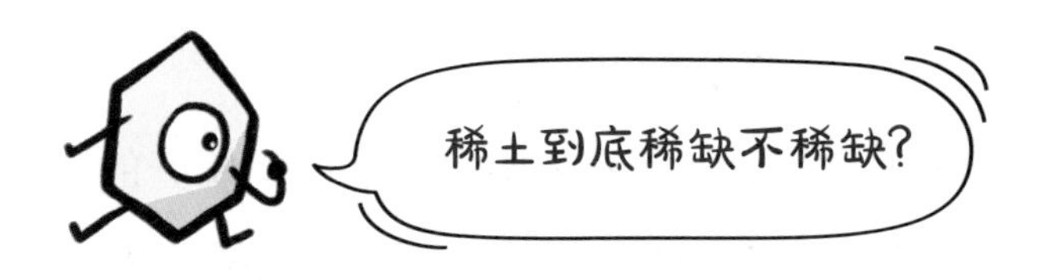

虽然叫“稀”土，但稀土在地球上还真不算少，甚至比我们经常接触到的一些金属，比如制作奖牌用的铜，还要多一些。

可是，稀土并不喜欢自家人“聚会”，总要和其他元素“生活”在一起。很少有矿石里只有稀土元素“住”着，而且“居住人口”也有多有少。

所以，稀土矿山少，能够被我们开采、利用的稀土就更少了，这也是稀土叫这个名字的原因之一。

稀土这么难被利用,我们的生活会不会受影响?

别担心,世界稀土资源储量约为1.2亿吨,咱们中国就占了40%,是最大的稀土资源国。

我们的稀土不仅多,开采分离的技术也很厉害,世界上90%以上的稀土成品都来自中国呢!

而这一切都离不开徐光宪院士。

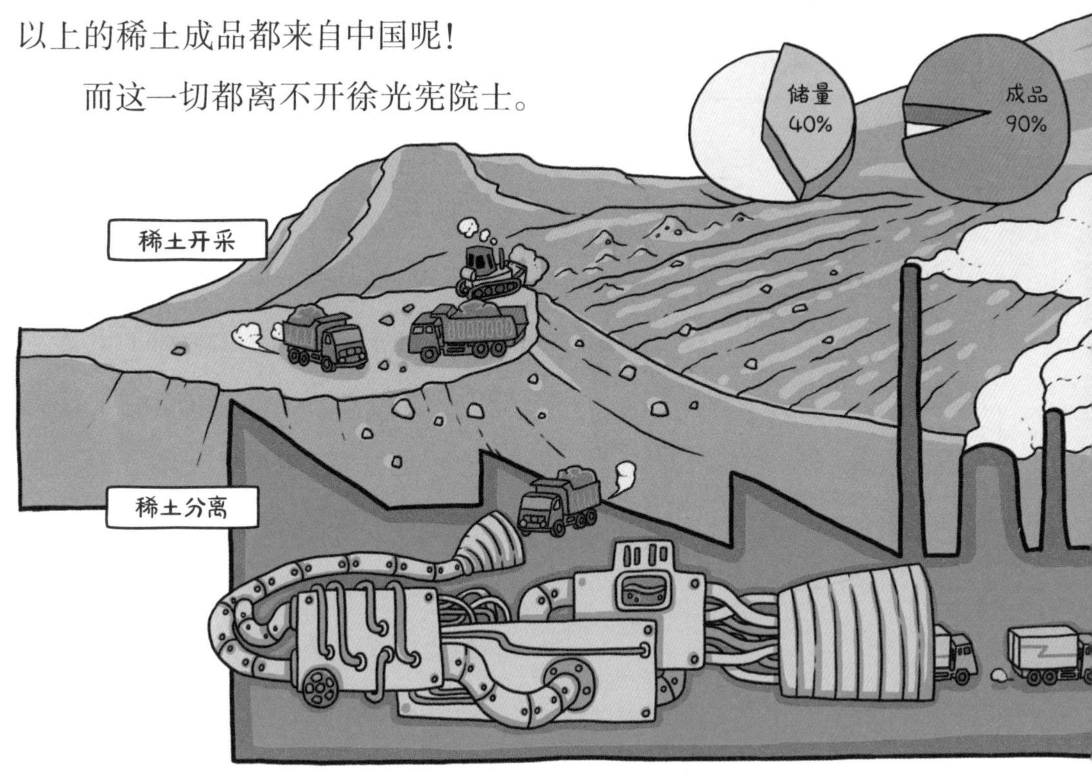

偷偷告诉你,稀土的17个“兄弟姐妹”“长”得特别特别像,很难分清。以前,就是因为没法分清这些“兄弟姐妹”,我们只能花大价钱从国外买。

明明自己有那么多稀土，却用不了，真让人憋屈！

徐光宪也觉得憋得慌！

光憋屈没用，还得铆足了劲想办法把它们分开呀！于是，徐光宪带着同事们，一步一个脚印地开始了咱们中国人自己的稀土创新之路。

最终，他们分离出了纯度为99.9%的镨与钕，这一下子就让我国的稀土分离加工能力跑到了世界前列。之后经过30年努力，他又使高纯度稀土产品的生产成本下降了四分之三！

现在，稀土正在用自己的力量不断改变世界。人们几乎每隔三至五年就能发现稀土的一种新用途，平均每四项高新技术发明中就有一项和稀土相关。稀土真可称得上是“全能选手”啊！

同学们，你们还知道稀土有哪些“隐藏”功能吗？或许，它们更多的秘密就等着你们来揭晓呢。

为什么有“锂”
走遍天下？

这一天是哪吒的生日，他的师父太乙真人来到了他家，说：“徒儿，你的风火轮已踩了许久，为师送你一副新的。”

哪吒接过礼物，连连道谢：“师父，这新轮有何特别之处？为何要换？”

“那旧轮虽可上天入地，无所不到，但轮上起火，足下生烟，不够环保。而我送你这用了锂电池的新轮，无烟无火，还可随意控制方向和速度，绝对满足你的出行需求。只需定时给里面的锂电池充电，便可有‘锂’走遍天下。”太乙真人介绍道。

看样子，锂电池是件宝物呢！

为什么这么说呢？让我们先来看看它是如何工作的吧。

锂电池里有大量的锂离子。充电时，锂离子就好像听到了运动会上的发令枪一样，唰

的一下从正极跑向负极，电池慢慢地被充满了电。放电时就往反方向跑一遍。

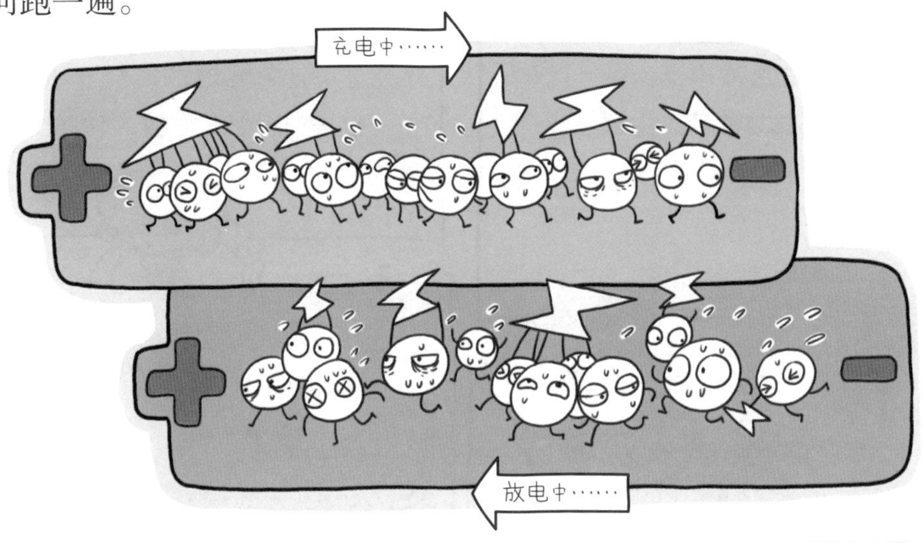

锂电池就是靠着不知疲倦的锂离子在正极和负极之间跑来跑去为我们提供能量的。听上去是不是很环保呢？所以锂电池成了新能源汽车的首选。

小贴士

锂只能用来做电池吗？那你可小瞧它了，人家的本领可大着呢！

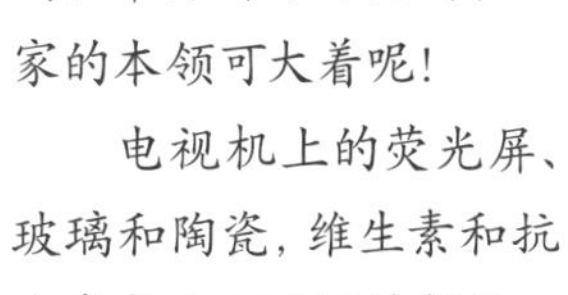

电视机上的荧光屏、玻璃和陶瓷，维生素和抗生素都少不了锂的帮忙，就连飞机的外壳也因为有了锂而变得更加结实。

你是不是想见识见识真正的锂呢？那就一起去实验室看看吧。

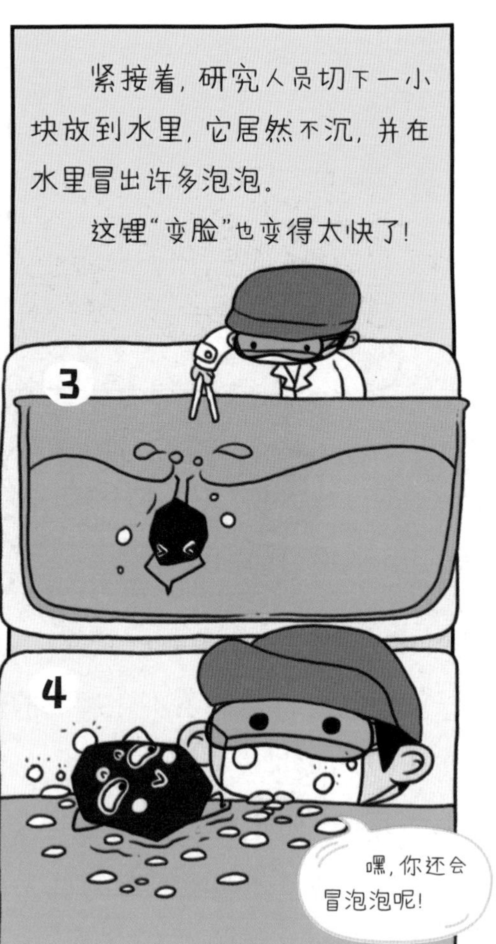

其实呀，纯净的锂是耀眼的银白色，很轻软，切它的时候不比同学们切自己的橡皮费劲多少。可一旦接触到空气，它马上和空气中的氮“抱团”，给自己蒙上一层“黑色面纱”。这样看来，锂还真是一种很“害羞”的金属呢。

锂还会“水上漂”，能轻而易举地漂在水面上。原来它是密度最小的金属，它的密度差不多只有水的一半。

小贴士

如果你把同样大小的实心铁球和塑料泡沫球放在一个装满水的盆里，你会发现铁球沉进了水底，而塑料泡沫球浮在水面上。这是为什么呢？因为它们的密度不一样。密度是物体的质量跟它的体积的比值。同样大小的情况下，密度大的物体更重，所以同样大小的实心铁球比泡沫球更重。密度比水小的物体可以浮在水面上。

锂还非常活泼，当它遇到酒精、水这些物品，会和它们剧烈“纠缠”，就像火山喷发一样壮观。

锂的这种“高能”表现甚至被用到了核反应里。科学家们把氘(dāo)化锂和氚(chuān)化锂放在核爆炸的装置里，制成了体积小、重量轻且威力大的氢弹。1967 年，中国成功爆炸的第一颗氢弹，就有氘化锂的功劳。

这么看来，锂可真是个万能的大宝贝呀。我们从哪里可以得到它呢？刚开始，地质学家们在花岗伟晶岩和花岗岩这些矿石的“身体”里面发现了大量的锂，可是等科学家们慢慢发现锂的更多用处后，石头里的那些锂就远不够人们用了。

这可急坏了地质学家们。既然石头里的不够用了，还能去哪儿找锂呢？

郑绵平的脑海里出现了小时候地理老师说的话：“我们的地球有 71% 被水覆盖。”

对呀，可以去水里找找看！

于是，郑绵平和他的队员们来到了青藏高原的扎布耶，来到了盐湖边，开始了一段“水上探险”。

有一天夜里，郑绵平照常和队员们乘坐着一只橡皮船开进了盐湖的深处。正当他们集中注意力工作时，突然刮起了大风。

风越来越大，船也越来越晃。有危险，必须赶紧回去！

可是，屋漏偏逢连夜雨。队员们发现，小船的机器发生了故障，没法开动了。

看样子，只能在湖上过夜。于是，在零下五六摄氏度的气温里，郑绵平和队员们找到了湖中一个小小的盐堆，仨人挤在一起，任凭呼呼的西北风吹在身上，湖水把下半身浸透。

郑绵平给大家鼓劲：“千万不要睡觉，一睡觉很可能就被冻死了！”

危险的环境没有吓倒郑绵平。他说：“搞地质，一定不要怕吃苦，到野外去，在大自然中学习。”

也许是大自然被郑绵平和队员们不畏艰辛为国家寻找矿物的精神感动了，第二天早上终于风平浪静。当郑绵平踏上岸时，发现自己已经走不动路，他在别人的搀扶下才回到营地。

就是凭着这股不怕吃苦的劲头，郑绵平在这里发现了一种震惊国际的新矿物——天然原生的碳酸锂，给它取名“扎布耶石”，并和科学家们在这里建起了我国第一条现代化盐湖提锂的生产线。

盐湖上修建起现代化提锂生产线

机会总是留给有准备的人。郑绵平的这一发现，并不是偶然。

早在二三十年前，还很年轻的郑绵平就背着干粮，拿着地质锤和罗盘，在青藏高原的盐湖里第一次发现了锂。

这一发现，打开了我国盐湖中锂的宝藏大门，也让沉睡在盐湖多年的宝贝得见天日。现在，我国已探明的锂约有 80% 都在西藏和青海等地的盐湖中。

“很多新鲜的东西不是靠书本。”郑绵平院士说。几十年里，他的足迹遍及青海、西藏、新疆、内蒙古，行程相当于 3 个二万五千里长征，而其中许多路是靠双脚走出来的，他的双脚至今仍留着被盐湖结壳划破的伤痕。

看到这里，你或许觉得现在应该不缺锂了吧。

然而并不是这样。人们对锂的需求实在是太大了，而且每年都在增长，我们虽然可以从石头和水里获得锂，但都需经过相当复杂的工艺，所以锂经常是供不应求呢。

同学们，相信不久的将来，你们一定能找出提取锂的更好的办法，让所有人真的能有“锂”走遍天下！

粮食的“粮食”是什么？

俗话说，“人是铁，饭是钢，一顿不吃饿得慌”。同学们，我们一日三餐都要吃粮食，那么这些粮食靠“吃”什么长大的呢？

“庄稼一枝花，全靠肥当家！”就像人体需要粮食中的营养一样，粮食作物的生长也需要各种“粮食”的支持。

钾就是支持粮食生长的三大营养之一。粮食作物要是缺了钾，就会得“软骨病”，不光“个子”长不高，叶子变色变蔫，结出来的果实还又少又小。

粮食从哪儿可以“吃”到钾呢？答案是钾肥。

钾肥又从何而来？答案是钾盐矿。

矿物形态各异，比如黄金以固体的形态出现；石油以液体的形态出现；天然气以气体的形态出现；可钾盐矿有固体和液体两种形态。

小贴士

氮、磷、钾是粮食最“爱”的三种营养，有了它们，粮食才能像同学们一样健康长大呢。

我国人口多，每天都要消耗大量的粮食，因此，对钾肥的需求量也非常大。可惜，我国的钾盐资源并不丰富，中华人民共和国成立前我国严重缺钾，这也成了一个极其致命的问题。

找到钾资源，是中国地质工作者的一个重要任务。可是，我们国家这么大，到底要去哪里找呢？

面对这项挑战，中国的地质人开始了寻宝“游戏”。

这个“游戏”可不容易闯关，没有前人的“攻略”、没有先进的“装备”，只能靠“玩家们”自己想办法解决所有问题。

在这些“玩家们”当中，有几个笃定的身影，他们就是我国著名的盐类矿床学家袁见齐院士、柳大纲院士和郑绵平院士。

其实，早在中华人民共和国成立前，袁见齐就曾经试着“玩”了一次，是我国历史上第一次进行盐湖地质调查的“首席寻宝人”。

在西北“寻宝”后，他发现在青海茶卡盐湖中存在钾元素。这是不是意味着在盐湖中能找到钾资源呢？这帮“玩家们”锁定了一个大方向。

1957年，由柳大纲和袁见齐组队，带着“中国科学院盐湖寻宝队”来到了青海柴达木盆地察尔汗盐湖。

那时的察尔汗盐湖几乎没有人去，海拔高、风沙非常大、天

气干燥，可以说是游戏中的“绝地模式”了。

在这里，“玩家们”饿了啃冰冷的馒头，渴了喝烧不开的白开水，夜晚就只能在寒风中扎着帐篷睡在盐滩上，还要忍受高原反应。

但他们一点也不在乎。袁见齐总是说：“赏山水之乐，识宝藏之丰，只有地质学家能体味个中乐趣。”

这一天，“寻宝队”中的“玩家”郑绵平碰上了另一个也在盐湖边散步的“玩家”柳大纲。突然，郑绵平停了下来，蹲在一个小坑旁边，盯着坑里的卤水发起呆来。

原来他发现水面上漂着一块小小的结晶，在阳光的照射下就像一朵晶莹的雪花。

小贴士

湖水是咸的湖被叫作盐湖，“玩家们”会在一些比较干旱的地区找到它们。

第一关 绝地搜寻

位置：青海察尔汗盐湖
任务：搜寻钾盐矿

莫非这是“游戏”通关的重大线索?

只见他伸出手,小心翼翼地抠下几颗盐晶,看了看。让人没想到的是,郑绵平一下子就放进嘴里尝了起来。很快,他兴奋地说:“老师,是辣的!”

谁都没想到,郑绵平这一尝,发现了钾盐矿物“宝贝”——新结晶的光卤石。

在这片“雪花”的指引下,“寻宝队”马上对整个盐湖进行了搜寻,发现在120平方千米,也就是差不多16806个足球场的范围里都有钾盐矿。“游戏”第一关总算通过!

这真是一个激动人心的消息啊!有了这些钾盐矿,粮食们就能“吃”上“粮食”了!

可是，这些钾盐矿不能直接“喂”给粮食们啊，得把它们加工成粮食能吃的“粮食”——钾肥才行。于是，柳大纲和袁见齐又带着“玩家们”开始了“游戏”的下一关——宝贝大变身。

要知道，察尔汗盐湖是我国第一大、世界第二大的盐湖，也是我国最大的钾盐生产基地。湖里藏着 500 亿吨以上的钾盐矿物，可以说是一个大“粮仓”！

守着这个大“粮仓”，人们干劲十足，不光在湖上建起了一座用盐粒铺成的，可以跑汽车和火车的“万丈盐桥”，还研究出了很多世界领先的钾肥生产工艺，现在这个大“粮仓”一年能给粮食们提供500万吨的“粮食”呢！

小贴士

为了生产粮食的“粮食”，“玩家们”创造性采用的开采、晒盐等工艺都是世界先进水平。

这个“粮仓”的作用可远不止这些呢。

袁见齐院士在“粮仓”里多次“寻宝”，并根据对这个“粮仓”的研究，提出了“游戏攻略”——陆相成钾理论。有了这个“攻略”的指导，人们找起盐类矿床“宝贝”来就容易多了。

虽然“玩家们”现在已经发现了近100个钾盐矿产地“粮仓”，但它们仍不能完全“喂饱”粮食作物。同学们，你是否愿意为了让我们的粮食“吃饱喝足”而加入我们的“寻宝队”呢？

为什么“真金不怕火炼”？

《西游记》中，孙悟空曾经闯入天上的兜率宫，偷吃太上老君的九转“金”丹，还在炼丹炉里炼就了火眼“金”睛和“金”刚不坏之身。怎么这些神奇的名字里都有“金”？看来，就算在神话故事里，人们也认为“金”很厉害呢!

自然界里的确存在着这么一种很厉害的金属，这就是黄金。

黄金这么厉害吗?

黄金是由金元素组成的，是一种金黄色的、不太硬的、很抗腐蚀的金属，也称为自然金。黄金的数量稀少、价格昂贵，属于贵金属的一种。

黄金很稳定，平时是极难生锈的，即使在很高的温度下熔化了，凝固后也不会变质，正所谓“真金不怕火炼”。

正因为黄金很珍贵，还不容易变质，所以就在人们心目中具有重要的地位了。

在古代，黄金可以直接当钱使用。不过它实在是太值钱了，一般不轻易用。比如皇帝赏赐有功劳的大臣或大额支付时，才用黄金。

现在，我们经常在新闻里能听到"黄金储备"这个词。只有拥有大量的黄金才能代表这个国家是真正的富裕，所以每个国家仍然会储藏大量的黄金，作为国家的"家底"。

黄金不仅是财富的象征，而且金灿灿的，也很好看，所以经常被制作成各种首饰或装饰品。从我国三星堆出土的黄金面具、埃及法老木乃伊的黄金面具到大人们日常佩戴的耳环、项链或者戒指，黄金在我们的生活中很常见。

小贴士

我们看黄金饰品的标签时，有时候上面会标有14K、18K、22K、24K等字样。这指的是这件饰品中黄金的纯度，数字越高，纯度就越高，不过，到24K就到头了。例如，18K指该商品中黄金的纯度不低于750‰，而24K金就是一般而言的纯金了。

黄金除了值钱又好看还有什么用?

很早以前，人们就用黄金来治疗牙齿了。黄金非常柔软，可以制作成各种形状，还不容易被腐蚀破坏，是修补缺失牙齿或者填补牙洞的绝佳材料。

你知道吗？黄金对于制造航天飞船、人造卫星、空间站也非常重要。黄金可以作为这些航天器的润滑剂，减少零件之间的磨损，同时航天器的控制仪表和电路板上也会用到黄金。

我国第一颗人造卫星“东方红一号”上就使用了黄金。现在我国航天员航天服的面罩上，就镀有一层黄金，既可以保证航天员看清楚外面，又可以防止航天员被太空中的辐射灼伤。正因为有一个金闪闪的面罩，航天服还被人戏称为“黄金圣衣”呢。

地球上的黄金其实并不少，不过很多都在地球的核心里，目前还无法开采。地表的黄金不多，开采也不容易，所以黄金才珍贵。所幸，经过一代代科学家的努力，我国目前已经在不少地方都发现了金矿，比如山东、云南、贵州等，我国的青藏高原上也有金矿！

当然，寻找黄金可不是一件容易的事。科学家们曾爬上五六千米的高原，在冰天雪地的山顶过夜，在灌木丛生的山林里穿行，长期住在野外，为寻找矿藏付出了艰辛的努力和汗水。

你玩过找不同游戏吗？科学家在寻找黄金的过程中，经常要玩一玩呢。

金矿里经常能见到一种酷似黄金的矿物，它会假扮黄金来愚弄人。这是一种含铁的矿物，叫作黄铁矿，也被人们称为“愚人金”。常有人为了发财争先恐后地把黄铁矿带回家，却不知道已经掉进了黄铁矿的陷阱里。不过，多么微小的不同也逃不过科学家的法眼呀。

说到寻找黄金的科学家，我们不得不提谢学锦院士了。

谢学锦兄妹 5 人，每个人的名字里都有“金字旁”，这是父母希望他们能拥有黄金的品格和黄金的品位。不仅如此，谢学锦一生也和金属，特别是黄金结下了不解之缘。

谢学锦善于观察身边的事物。有一次，他和其他人在安徽采集土壤样本时，发现了一个奇怪的现象，这里有一种叫海州香薷（rú）的植物生长得特别茂盛。

植物和矿产会不会有什么关系？谢学锦灵光一现。

在对海州香薷进行科学分析后，他发现自己的想法是对的。有海州香薷的地方就可能有铜矿。后来海州香薷被国际上公认是指示铜矿的植物，也被叫作"铜草"。

谢院士很喜欢爱因斯坦"想象力比知识更重要"这句话，在寻找黄金的过程中，他也尽情发挥想象力，有时候甚至会提出一些别人觉得不可思议或者根本做不到的想法。还别说，正因为这样，寻找黄金的高级办法，真的就在他的"脑洞"中出现了。

为了寻找黄金和其他矿产，他提出了一个大胆而宏伟的计划，用技术手段，全面研究与调查我国的矿产。这相当于要给全国的土地做一个"CT"检测。

这个计划，不但要靠大量的人力和漫长的时间来支持，而且也系统地用上了谢院士的找矿技术。

根据谢院士的找金方法，我国发现的金矿从个位数猛增到了数百个，成了世界第一产金国。

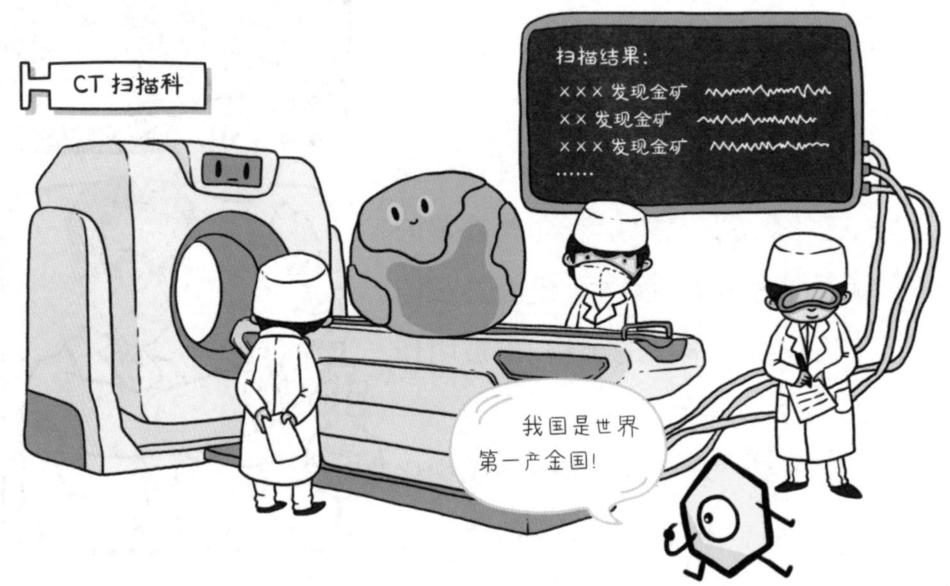

时间已经过去三四十年了，谢院士的找矿计划和方法现在依旧是寻找矿产非常有效的手段。

目前，我国黄金的产量已经连续多年排名世界第一，而黄金储量的排名却没有那么高。你想不想像谢院士那样，加入寻找黄金和矿产的事业？

有句老话叫“是金子总会发光”，就是说，只要有才能，总能找到适合自己的地方，发挥自己的能力。相信自己的内心，像科学家们一样坚持自己的梦想，大家未来一定会成为闪耀且不会变质的“黄金”。

你见过入手即化的金属吗?

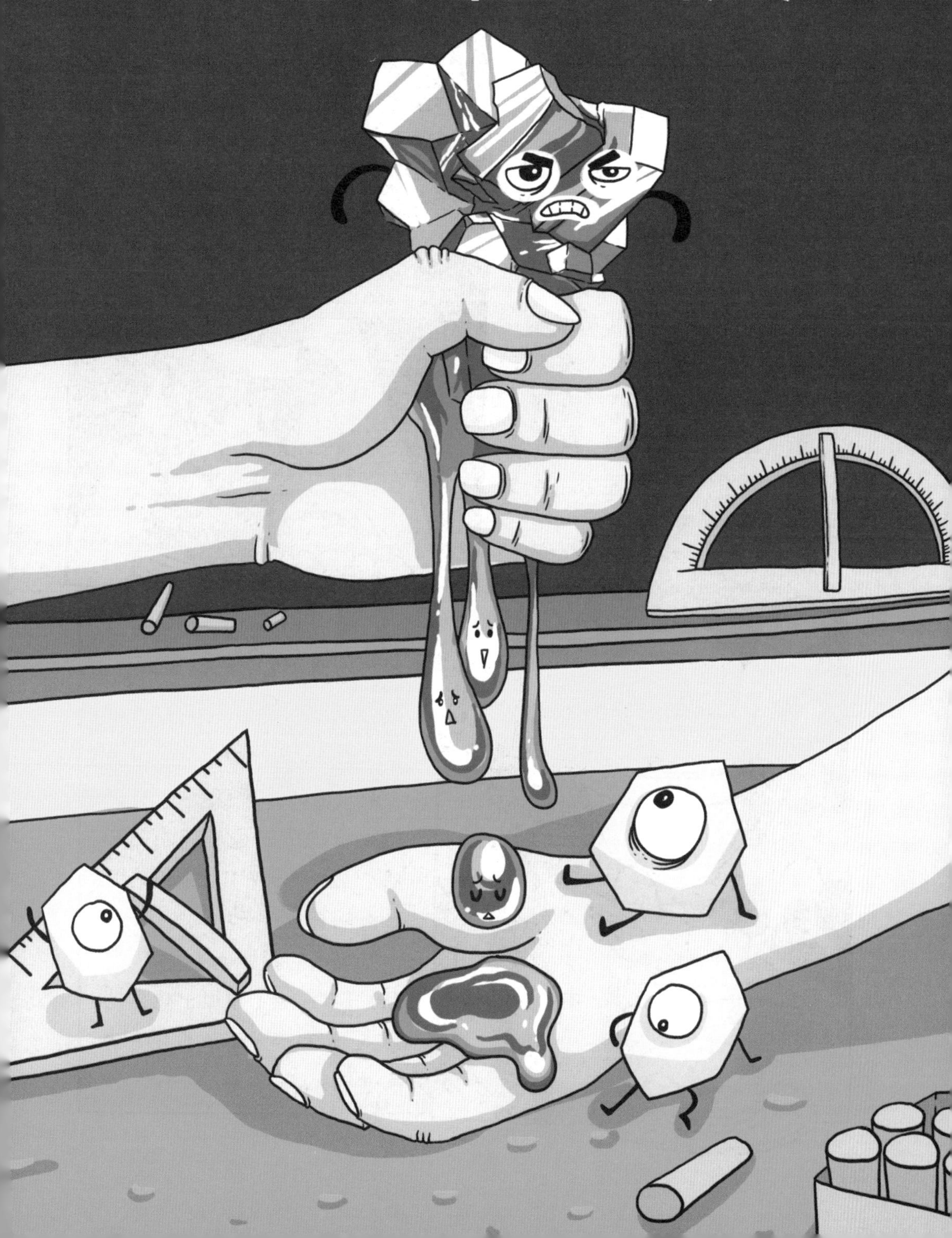

在舞台的正中央，一位头戴黑色礼帽，身着黑色燕尾服的魔术师很绅士地向台下深鞠一躬。

只见他从旁边的小匣子里取出一个蓝灰色的小机器人，放在手里，面带微笑地看着。仅仅几秒钟的工夫，机器人的腿就消失了，接着身子不见了，最后连头也不知去向。魔术师的手心里只剩下一摊银白色的液体，滚来滚去。

接下来，魔术师又将左手中的空玻璃杯向观众晃一晃，向玻璃杯中倒入热水，紧接着一抬右手，手里立刻出现了一个蓝灰色的金属勺。他将金属勺缓缓地放进盛有热水的玻璃杯里，不一会儿，金属勺又在玻璃杯里神奇地消失了。

观众们都张大了嘴巴，沉默片刻后，台下爆发出热烈的掌声，大家都为魔术师神奇的表演惊呆了。

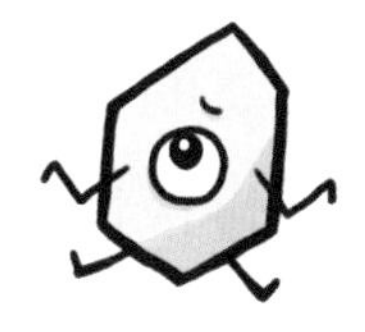

这一切是怎么发生的呢?

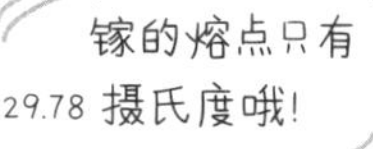

原来,那个小机器人和金属勺都是用一种特殊金属制成的,这种金属叫作镓。

镓有个很特别的“技能”,就是熔点非常低,只有 29.78 摄氏度,连咱们手心里的温度都要比它高呢,所以,小机器人能在魔术师的手心里变成液体,小勺能在热水中熔化。

是不是很有趣?想不想也试一试?别着急,魔术师还有个绝活没展示呢!

只见他用一只手拿出了一个铝质的可乐罐,伸出另一只手的食指在空中优雅地画了几个圈,然后用食指轻而易举地就把可乐罐戳破了,可乐罐像鸡蛋壳一样碎开!

台下再次爆发雷鸣般的掌声。

聪明的你是不是在思考这其中的奥秘？其实，只要把液态的金属镓滴在铝质的可乐罐上，镓就会见缝插针，钻进铝的内部，慢慢把可乐罐变软变薄，最后用手指一捅就能破。

看样子，镓真的很神奇啊！

镓的神奇之处还不止这些呢。

大家都知道，一般的金属都有热胀冷缩的特点，但镓却特立独行。它遇冷膨胀，遇热收缩，并且在从液态变成固态时，体积还要变大一点点。因此，人们通常把镓装在有弹性的塑料或橡胶制的容器中。

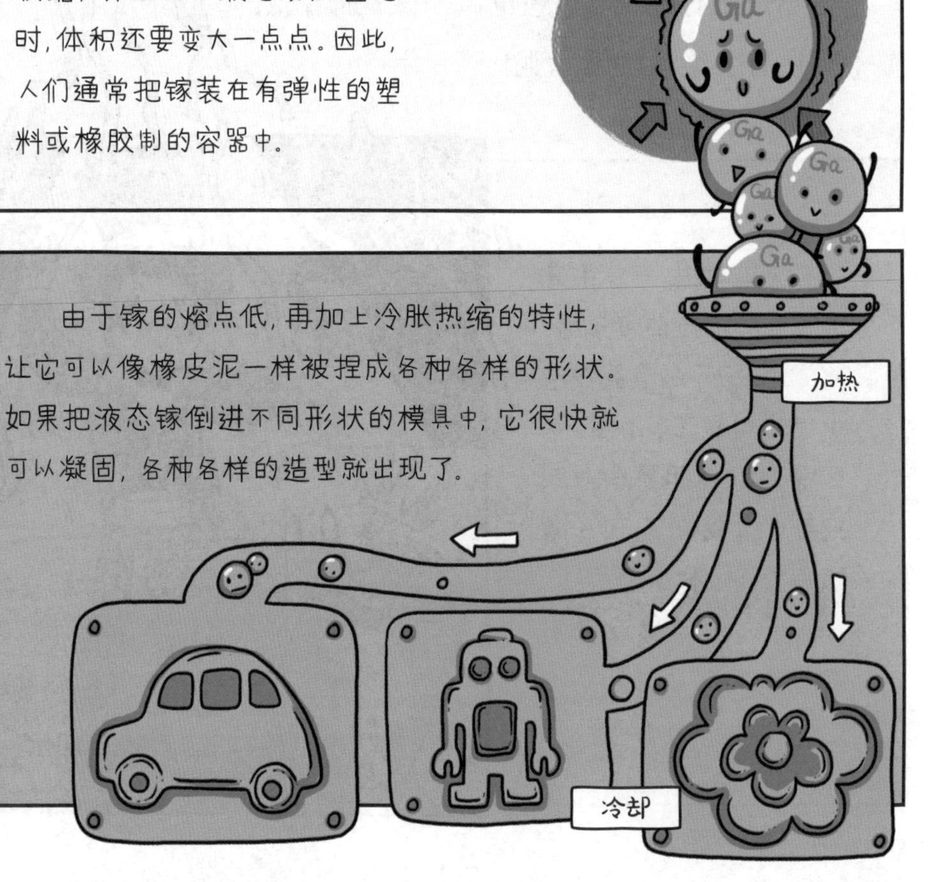

当然，镓的用途远不止这些！它可以和另外两种金属铟和锡一起替代水银制成环保型的温度计。2015年，我国科学家还在世界上首次用镓铟锡合金“缝合”了牛蛙断裂的神经呢！

镓还能被用在自动灭火龙头的开关、新能源汽车、雷达、5G通信、太阳能电池、芯片等领域里，甚至还能被用来制造原子弹。不得不说，镓真是个多面手啊！

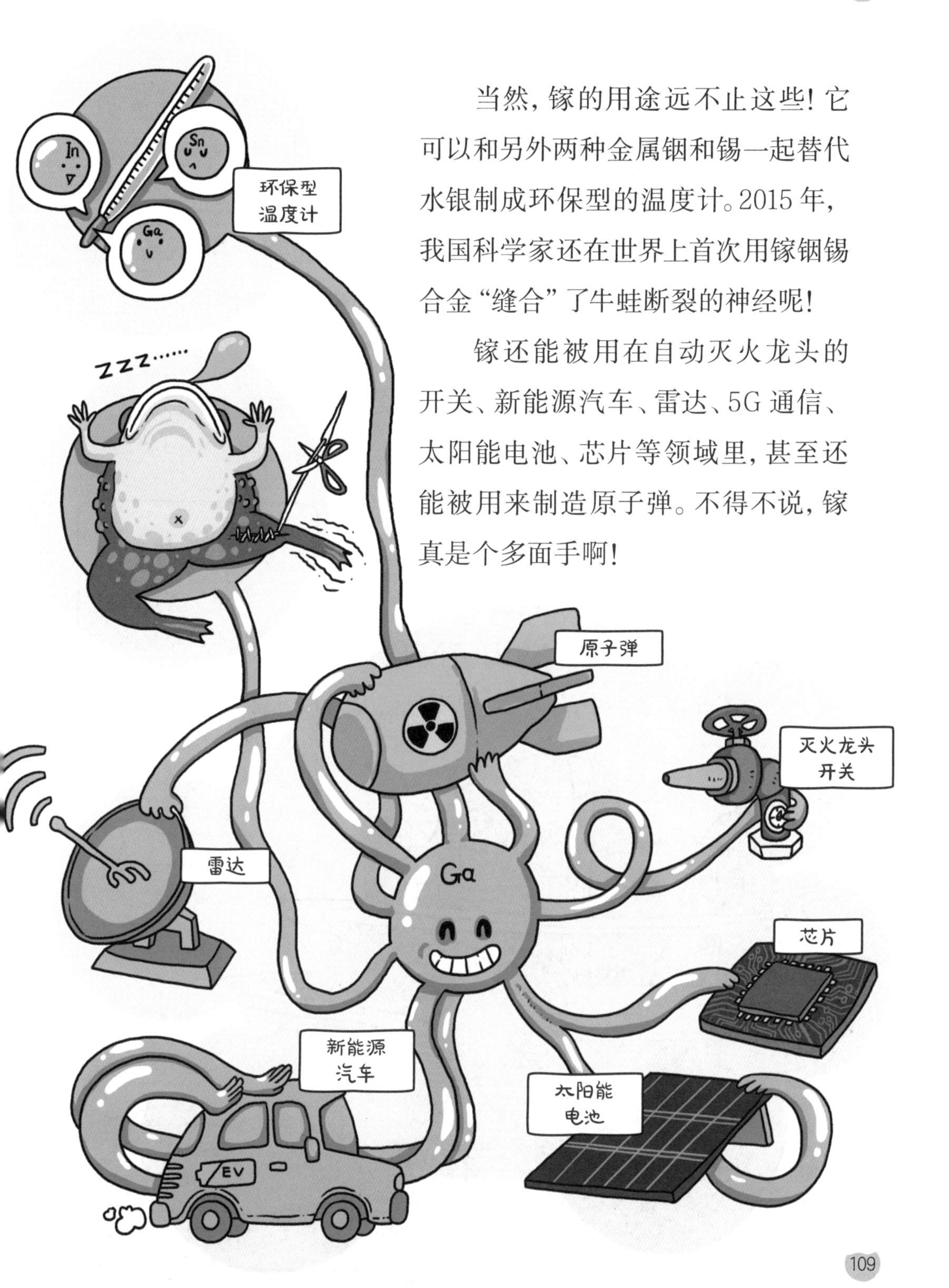

但可惜，这么多行业需要用到的镓，在地球上出现得却非常少，而且不喜欢“扎堆”，总是分散在各个地方。人们很难像发现铁矿、铜矿那样大面积发现它，所以它被列入分散元素家族中。

幸运的是，这么“能干”的镓，在我国的储量居世界第一，大概占了全世界总储量的 80%～85%，所以我国生产出来的金属镓在世界上也最多。

而这些都离不开涂光炽院士团队对分散元素的坚持研究。

过去，人们一直认为，分散元素因为不爱“扎堆”，所以没法有自己的“家”——矿床，只能“借住”在其他元素的“家”里。

然而，对矿物有着丰富经验和研究的涂光炽院士却对这一看法在心中打了个问号。

怎么才能消除心中的问号？只有自己去

小贴士

分散元素是指在地壳中平均含量低，又十分分散的元素，包括镓、铟、锗、铊、硒、镉、碲、铼八兄弟。它们很难从原料中提取，但用处多多。

看、去找才能有答案!

于是，已经 70 多岁的涂光炽院士带着他的队员胡瑞忠、高振敏和张宝贵等科学家，走遍了贵州、四川、云南这几个地方，开启了我国最早的系统研究分散元素之路。

读万卷书，行万里路。在涂院士看来，世界上的书有两种，一种是印刷出来的书，一种是用脚走出来的“书”，而他更喜欢脚下这本“书”。

他说：“只有当脚踏踏实实地走在大地上，才能有一种归宿感。”

所以，在年轻的时候，涂光炽每年有三分之一的时间在野外度过，而即便到了老年，他仍然像年轻时一样，活力满满地走在路上，经常是在早上 7 点多吃完早点就出发。

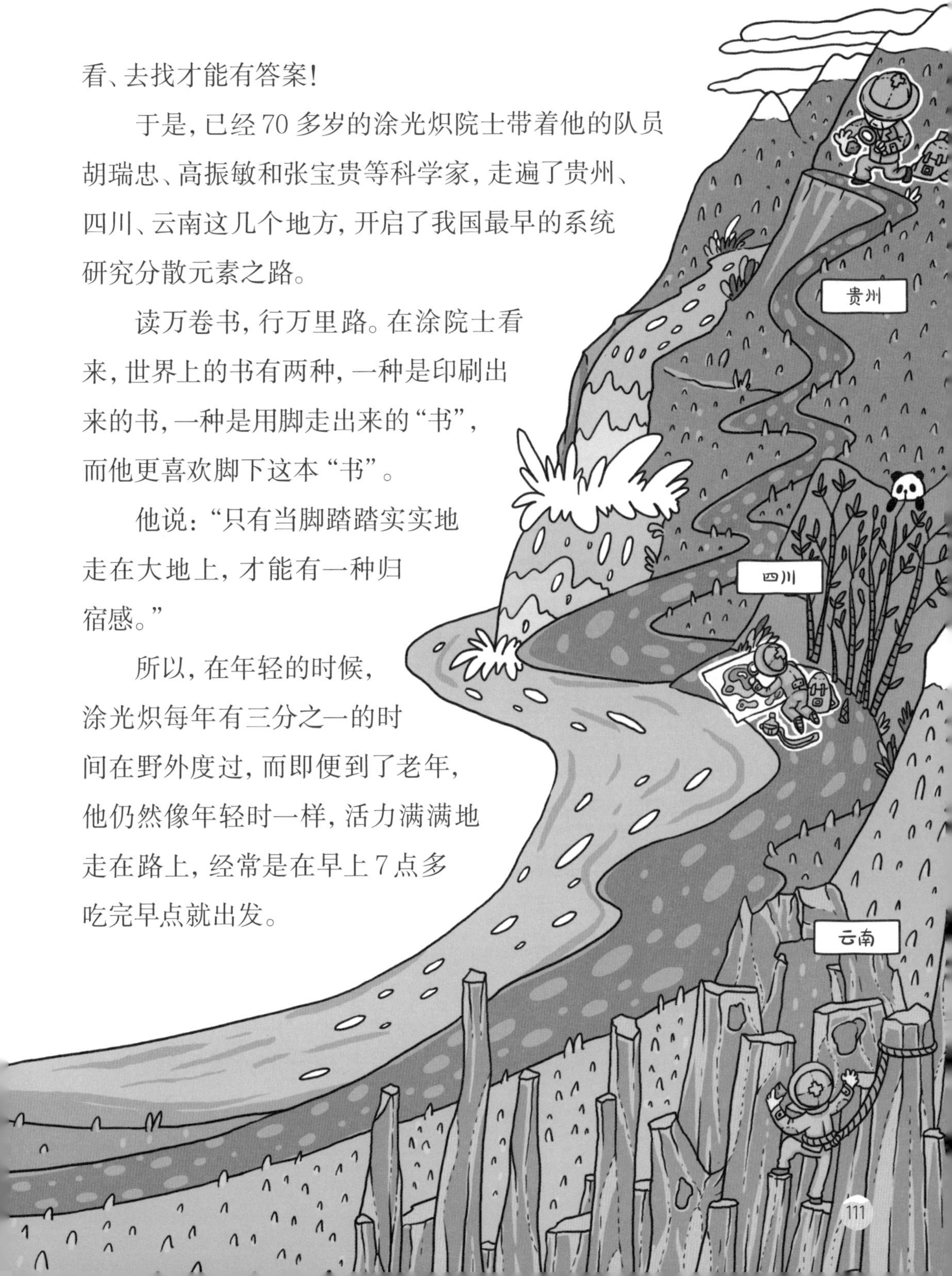

一次在野外，涂光炽一不小心摔倒在一个土坑里，土坑里的树枝竟然刺进了他的鼻子。他却像没事发生一样，利索地爬了起来，摸了摸鼻子，继续工作。

第二天，他的鼻子像小山一样肿了起来。同事们劝他："还是去医院看看吧。"可是，他摆摆手，仍然一心扑在工作上。

到了第三天，同事们实在是为涂院士的身体担心，大家"强制"把他送到附近的医院做手术，从鼻子里取出一段一寸多长的树枝。

正是凭着这股忘我的劲头，涂院士和他的团队最终确定分散元素可以有自己的"家"、能够形成矿床的理论体系，还发现了两种新的分散元素矿物，为我国寻找镓、铟、锗等分散元素指出了方向。

"如果我看得更远，那是因为我站在巨人的肩膀上。"涂院士和他的团队已经为你搭起了一个"巨人"。未来，你或许会成为厉害的"魔术师"，用你的聪明才智和镓，以及其他分散元素一起，为我们国家献上更为精彩的"表演"呢。

铅笔是用铅
做的吗?

毛笔的笔尖是用动物毛发做的，所以被称为毛笔；钢笔的笔尖是用金属做的，因此被称为钢笔。那么，我们一直用来写字、画画的铅笔是用铅做的吗？

答案是否定的！

后来科学家研究发现，这种物质根本不是铅，而是“碳”家族中的成员——石墨。之后，石墨就逐渐替代铅，成了铅笔笔芯的主要材料。

石墨为什么能够替代铅成为笔芯？回答这个问题就不得不说一说石墨是什么了。

石墨其实是一种黑灰色、质地很软的物质，能被我们用来轻松地写写画画。由于石墨写出来的字比铅更黑，还一度被称为“黑铅”。

石墨的“身体”结构有点特殊。如果我们把石墨放进电子显微镜里，会发现它其实是一层层的。层与层之间容易滑动，所以石墨很软、很滑。

石墨这么软，是不是只能被我们用来写字？

如果这么想，那就错了。

石墨其实非常强大，丢到水里，它不会被溶解；扔到近 3600 摄氏度的高温炉里，也不会被熔化。

与水火不"容"的石墨被我们用在了很多地方。比如，冶炼金属的器材里少不了它，在油墨、黑漆中它也能大显身手，小到电线、太阳能电池，大到人造卫星、原子弹、导弹上都有它的身影。

近年来，科学家通过一层一层不断剥离石墨薄片，直到完全无法再分离，最后得到了一种新型材料——石墨烯。

石墨烯这一层薄片可是目前自然界最薄的材料，300 万层的薄片像叠罗汉一样叠在一起才 1 毫米高。它还是强度最高的材料，比钻石还硬，因此被称为材料界的黑金、"新材料之王"。

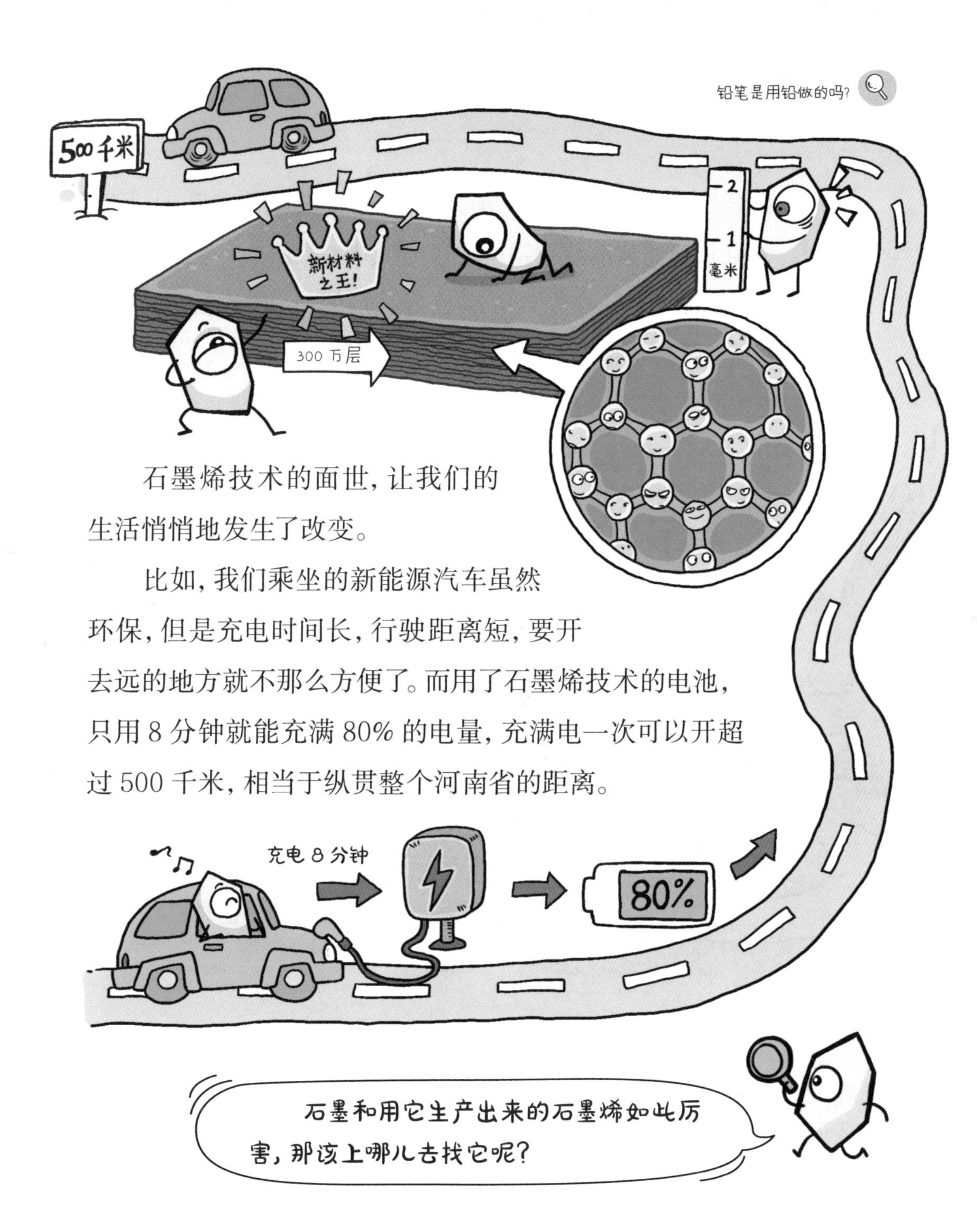

石墨烯技术的面世，让我们的生活悄悄地发生了改变。

比如，我们乘坐的新能源汽车虽然环保，但是充电时间长，行驶距离短，要开去远的地方就不那么方便了。而用了石墨烯技术的电池，只用 8 分钟就能充满 80% 的电量，充满电一次可以开超过 500 千米，相当于纵贯整个河南省的距离。

我国是世界上最早发现和利用石墨的国家，但是，大量开采和使用石墨却是在中华人民共和国成立以后。

在中华人民共和国成立以前，地质工作人员数量非常少，只有250人，现在已近百岁的裴荣富院士就是其中一位。

那时，年轻的裴荣富看到国家被列强欺辱，人民生活艰难，在心中埋下了一颗科学报国、为祖国找矿产宝藏的种子。

中华人民共和国一成立，人们对矿产的需求一下子大了很多。毛主席曾说，地质工作如果一马挡路，则万马不能前行。

怎么样才能多快好省地发现这些宝藏，把挡路的“马”赶走呢？裴荣富经常思考这个问题。

“没有野外，就没有地质。”这是裴荣富经常说的一句话，也是他为自己找的方向。

于是，在过去的70多年里，裴荣富走遍了祖国的青山绿水，经常从一座山走到另一座山，寻找宝藏线索。

时间一长，他就发现了超大型矿床的重要性。要知道，超大型矿床虽然在数量上只占了矿床总数的 5%～10%，却提供了全球矿产资源量的 30%～50%，可以说是“超级大宝箱”呢。

他毅然开始了对全球超大型矿床的研究，而这也正是国家关注的重大课题。“只要是国家所需，就一定要做好。”裴荣富对自己提出了这样的要求。

可是怎么样才能打开“超级大宝箱”上的“密码锁”呢？裴荣富又出发去野外寻找。“对我来说，野外考察是我后来在地学界成长的基础。”裴荣富说。

功夫不负有心人。最终，他和团队研究大型、超大型矿床分布规律和矿床模式，提出了“成矿偏在性”“异常成矿”等找矿“密码”，为寻找大型石墨产地提供了科学指导。

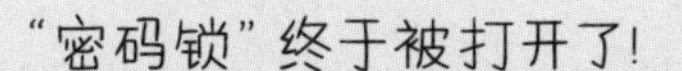

有了裴荣富的“密码”，人们在内蒙古白云鄂博稀土矿区外围先后发现了大乌淀、哈达图等超大型石墨矿床。你要知道，大乌淀石墨矿可是世界级超大型晶质石墨矿，也是目前全球探明的最大单体石墨矿之一呢。

小贴士

石墨主要分布在中国、土耳其、巴西等国家。

我国的石墨资源储量位于世界第三位，约占世界的25%；选矿技术世界领先，因此石墨的产量和出口量都是世界第一，约占世界的70%。

为了让更多年轻人投身地质事业，他捐出自己用一生攒下的500万元，设立裴荣富勘探奖，专门奖励从事野外工作并有突出贡献的地质工作者。

他说：“地质工作不是一代人的事，希望我们的年轻人不忘初心，做不怕苦累的地质‘尖兵’，为国家找到更丰富的矿藏。”

你是否也想成为一名光荣的地质“尖兵”，为祖国打开更多的“超级大宝箱”呢？那就快快行动起来，努力学习吧！

金刚石和石墨是
孪生兄弟吗？

我们先来猜个谜语吧，谜面是：

它家孪生两兄弟，相貌脾气各相异；
一个晶莹又剔透，性格坚硬钻瓷器；
一个黝黑又油腻，柔软可绘花鸟趣；
同根生出天与地，你说神奇不神奇。
打两种矿物。

猜出来了吗？对了，谜底是金刚石和石墨！

为什么说金刚石和石墨是孪生兄弟呢？

小贴士

同素异形体是指由同样的单一化学元素组成的纯净物（也叫单质），因原子排列方式不同而具有不同性质。

让我来告诉你吧，那是因为它们有一个共同的“母亲”——碳。它们俩都是由碳原子组成的，但却是两种不同的物质，我们叫它们“同素异形体”。

都是碳原子组成的，金刚石和石墨的“长相”和“性格”怎么会存在这么大差异呢？

正是因为在这一对“兄弟”的身体里，碳原子的排列方式不同。

碳原子就像一个个大小相同的小球一样。在金刚石身体里，碳原子小球一个挨一个地堆积在一起，上下左右都紧密“团结”在一起，每个小球都很难被拆散或挪动。所以金刚石成了自然界硬度最大的天然矿物。

俗话说,“没有金刚钻,别揽瓷器活”。人们早在古时候就已经懂得利用更加坚硬的金刚石来修补坚硬的瓷器和玉器了。

金刚石切割坚硬的玻璃、岩石、金属都不在话下,所以制造机械、切割坚硬材料和研磨精密仪器的工具都少不了它。挖隧道的盾构机上用的钻头,也是用金刚石做的。

纯净透明的金刚石经过精细的打磨和雕琢,就变成了璀璨的宝石——钻石。

小贴士

金刚石的形成年代相当久远,比如南非的金伯利矿,它的金刚石大约形成于距今33亿年前;我国辽宁瓦房店矿,金刚石的年龄相对年轻些,也有3.41亿~4.63亿年了。

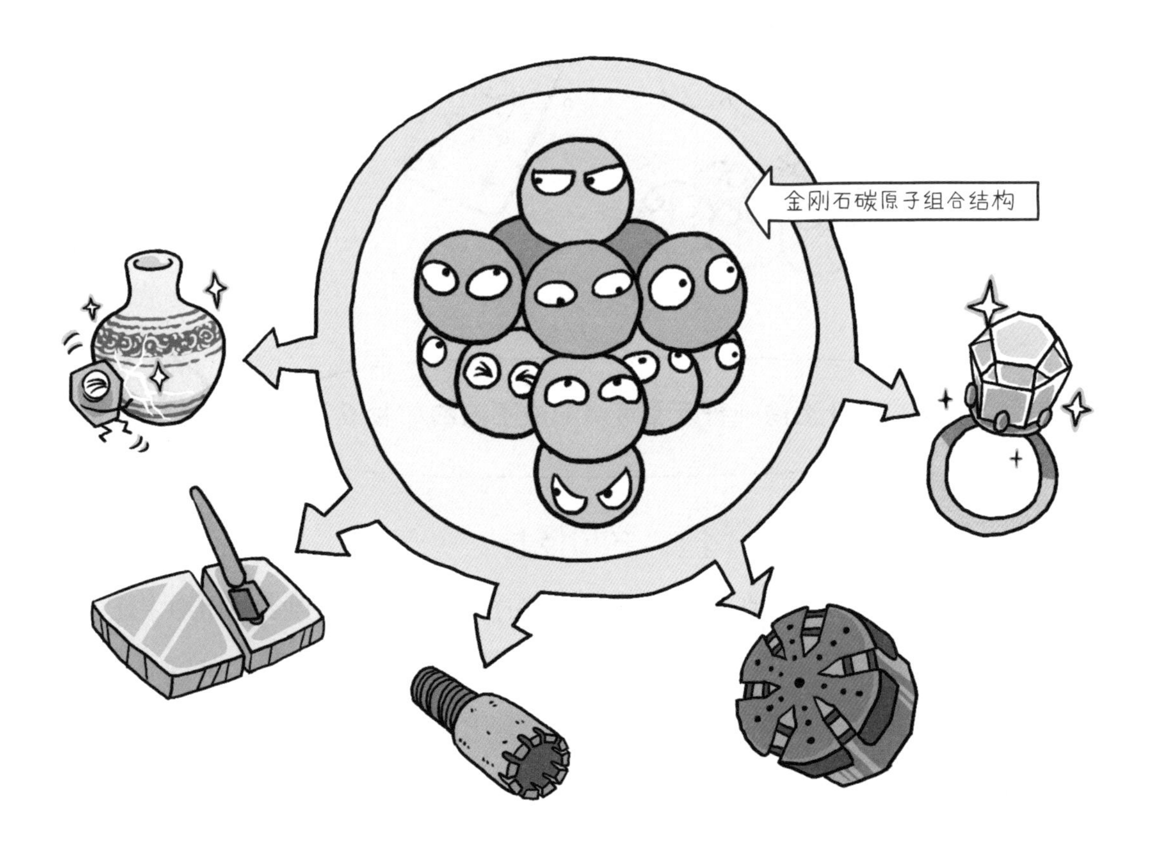

而石墨的结构就没那么密实了。

石墨体内，虽然每层的碳原子小球仍旧“团结”得非常紧密，但一层碳原子小球和另一层碳原子小球间有了间隔，“团结”得不够好。就像一副摞在一起的扑克牌，一推它，一张张扑克就滑开了。

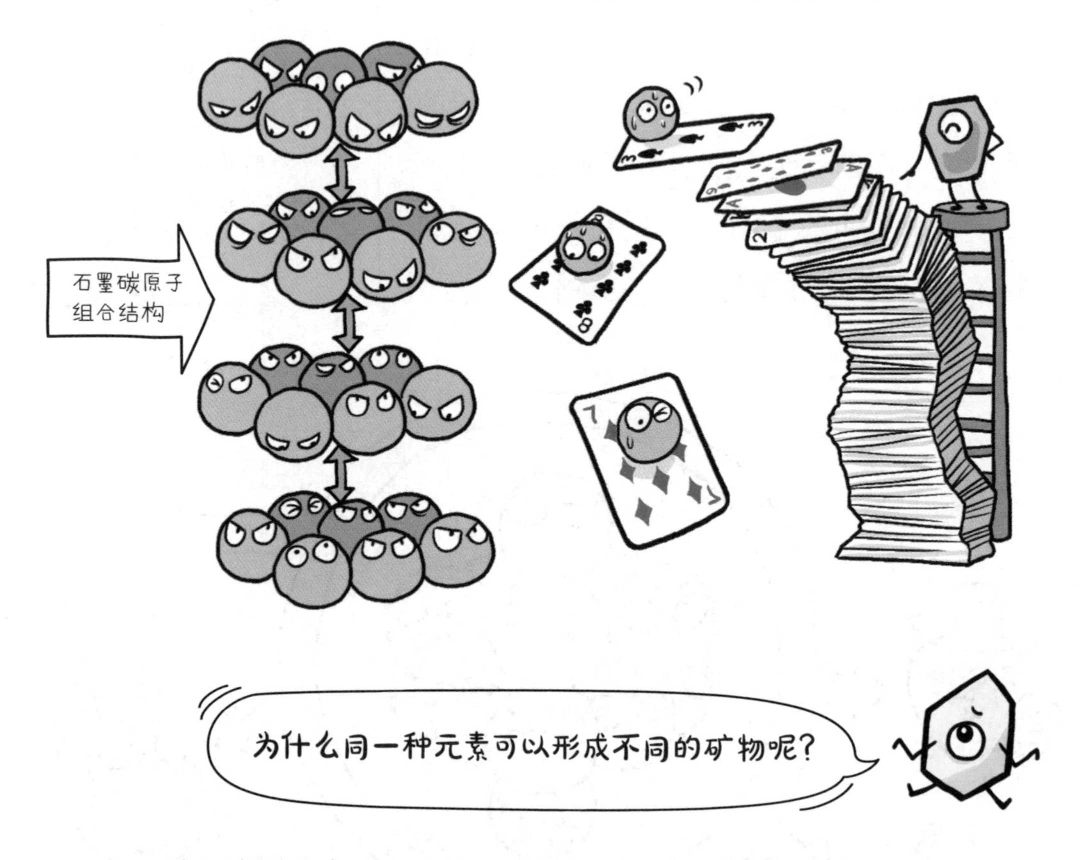

为什么同一种元素可以形成不同的矿物呢？

这还得从它们的“生长”环境说起。

金刚石生成于地下 100 多千米的深处，那里温度约 1000 摄氏度，压力相当于在一个指甲盖上摞了 5 至 10 辆大卡车。在这样的环境下，碳原子被挤压得异常紧密。经历了漫长的过程后，金刚石最终形成了。

由于金刚石形成的条件太苛刻了，所以地球上能够生成金刚石的矿山非常少，能当宝石的又大又纯净的金刚石就更是“物以稀为贵”了。

而石墨的形成环境比起金刚石的相对宽松得多。石墨埋藏得没有金刚石那么深，温度和压力也没有金刚石形成环境那么高、那么大，碳原子小球们“生活”的空间比较大，就形成了相对松散的结构。

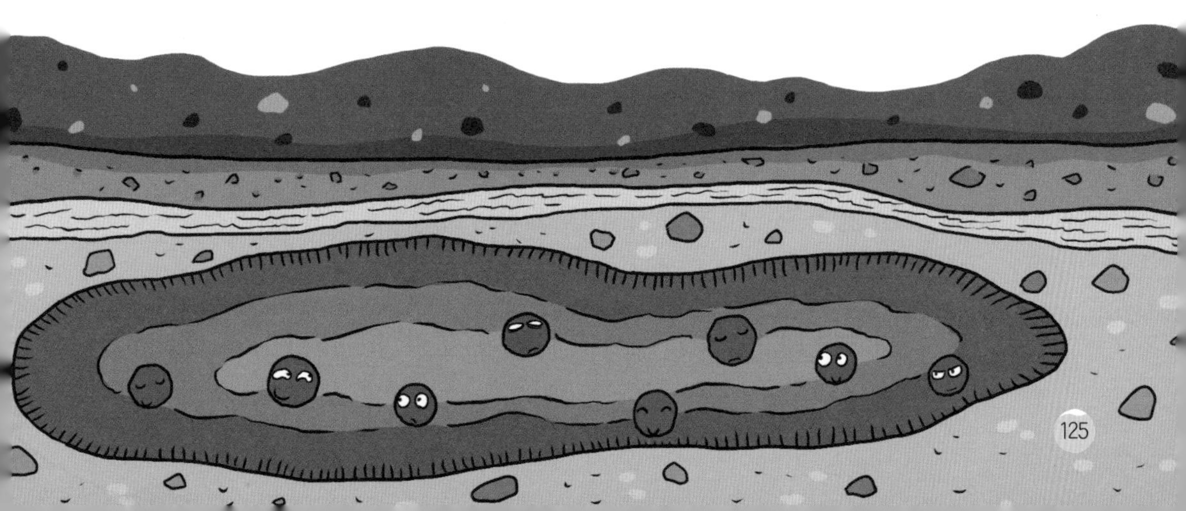

正是因为金刚石的形成条件比石墨严苛得多,很难满足,所以,地球上金刚石的数量相比石墨要少得多。

如果人们能让石墨中的碳原子团结得更紧密些,像金刚石一样,那么,石墨能不能从黝黑油亮的黑小子,变身成坚硬、炫彩闪耀的金刚石呢?这样,人们就不用担心金刚石又贵又不够用啦。

答案是:能。

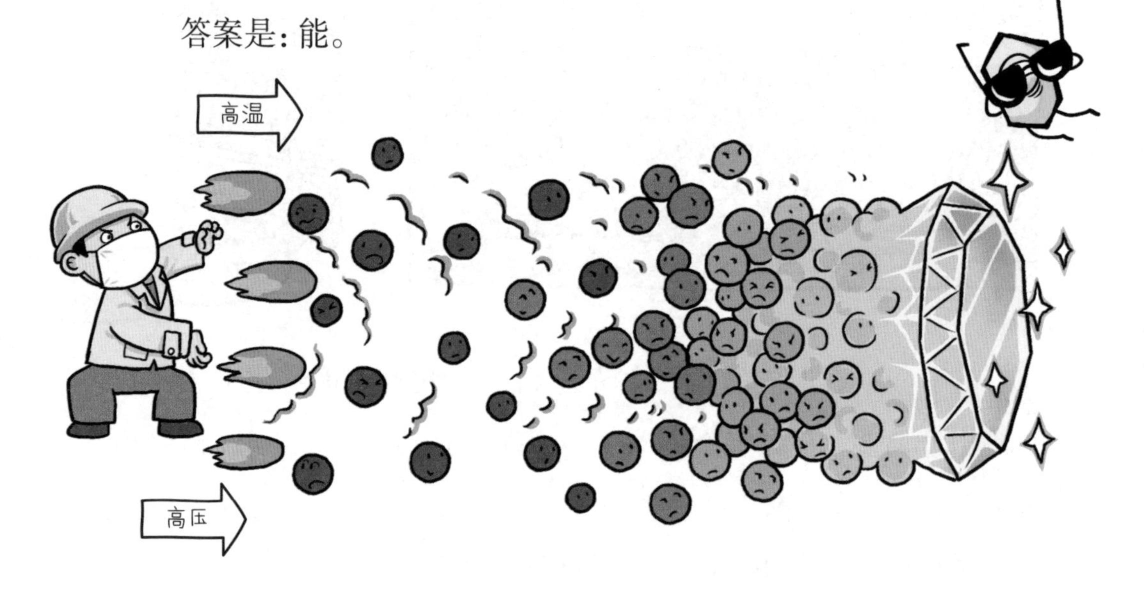

早在 1954 年,科学家就制造出了世界上第一批人造金刚石小晶体。

中国的第一颗人造金刚石是由王光祖先生率领团队于 1963 年研制成功的。

当时,我国工业、科研等领域都急需金刚石,用天然金刚石不仅贵,而且数量也不够。而国外却不告诉我们制造人造金刚石的技术。

怎么办呢?只能靠我国科学家自己想办法。

那个时候,我们的国家正处在自然灾害严重的时期,人们吃饭都困难，哪儿还有力气搞科研呢？更何况还没人懂这项技术，困难可想而知。

可王光祖当时愣是带着团队，硬着头皮上了。回忆起往事，他笑着说：“我当时学的是化学，哪里懂得怎么造金刚石啊。”

但任务是必须完成的。中国科学家面对困难，绝不退缩。

第一步，自然是尽快学习。王光祖带领团队到处查阅资料，整理分析，边学边研究，总算是摸清了理论上的制造办法。

第二步，是实验操作。这比研究理论更难，实验时哪怕手轻微一抖动，或是一瞬间的时间差，就可能前功尽弃。

大家早就做好了失败的心理准备，失败就找原因，找到原因就改进工作方案，再失败，再改进……

1963 年

1954 年

一个寒冷的冬夜，北京通用机械研究所高压实验室里，我国自行设计与制造的装置上，一个闪闪发亮的黄绿色神秘晶体出现了。

这回，成功了吗？大伙的心都提到了嗓子眼儿。

王光祖虽然心里激动，但还是稳稳地拿起这颗黄绿色晶体，轻轻划过玻璃。这是测试金刚石硬度的简便方法。

随着一阵清脆的吱吱声响起，玻璃上出现了明显的划痕……

中国第一颗人造金刚石诞生了！这一团队也被称为我国“最硬”的科研团队。

现在，我国已经是世界上人造金刚石产量最多的国家。而全世界金刚石这类的超硬材料 90% 都来自中国。

看到这里，你会不会觉得，石墨只有变成了金刚石，才算是辉煌了呢？

其实，金刚石有金刚石的优点，石墨有石墨的长项，它们都在各自擅长的领域，做着最好的自己。正好比是：

钻石坚硬性自刚，
石墨柔软不寻常。
龙生九子均不同，
各尽其才方是强。

灯泡为什么
会亮?

天黑了，我们自然地会把电灯打开，柔和的灯光把黑暗赶跑了。

这个小小的灯泡里到底藏着什么宝贝，能让它一直发出亮光来呢？

原来，电灯泡的里面装着灯丝。

钨的来头可不小，如神器一般的存在，它有两大威力。

人们把钨的合金用在各种工业生产中，做切削工具和探矿、采矿工具，比如钨钢常用于制造探矿和采矿的钻头。

在医学上，高密度的钨合金常被用来制作阻挡X射线和辐射的“盾牌”，保护医生和病人。

银白色的钨还是重要的军事工业原料呢。钨的合金常被用来制造武器，比如火箭、导弹，及反坦克、反潜艇装甲的穿甲弹头。

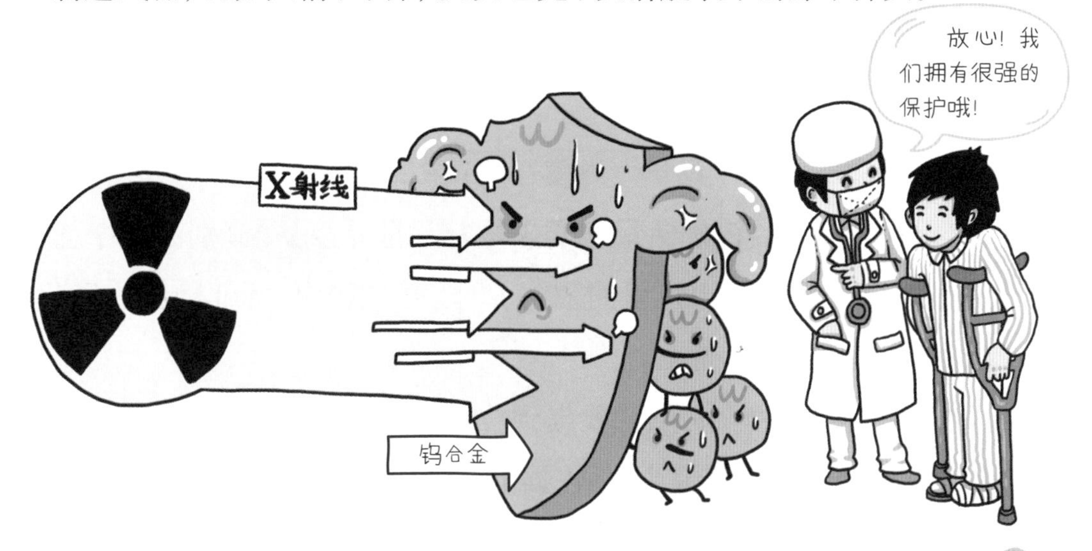

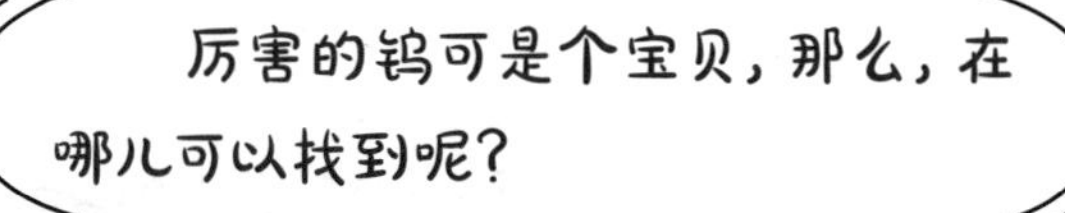

石头里啊。

自然界提炼钨的矿石既有黑钨矿，又有白钨矿，两者一黑一白，对比鲜明。

中国可是世界上最早大规模开采钨矿的国家。

目前，中国的钨矿储量和开采量都是世界第一，分别占全球总储量的 60% 和全球总产量的 80% 以上。中国赣南、赣北地区，都曾被称为“世界钨都”呢。

提到神器钨矿，必然就要提到“神人”徐克勤院士。在中国的钨矿资源调查和地质研究中，他占据了很多个第一。

可是，年轻时候的徐克勤并没有感到满足，他还想去做更多的研究。

那时，徐克勤还在美国攻读博士学位，各国都非常重视“神器”钨矿，因为这可是极为重要的军事材料啊。

小贴士

徐克勤是我国系统开展钨矿地质调查第一人，也是最早系统撰写了钨矿地质专著的人。

他曾经在赣南地区调查了4年的钨矿，在总结这些调查成果的基础上，他和丁毅撰写了《江西南部钨矿地质志》。

这部书可以说是中国钨矿的第一部“百科全书”，是钨矿研究人员第一本入门“课本”。

美国也不例外，徐克勤还没毕业，他们就向他伸出了橄榄枝，邀请他毕业后留在美国从事钨矿资源方面的工作，并开出了5000美元的年薪！要知道，当时美国人均年收入还不到2000美元呢。

徐克勤果断拒绝了美国人的邀请，人家劝他：“这里能给你舒适的生活和优越的研究环境，你还需要什么？”徐克勤说：“祖国是养育我的地方，祖国的需要就是我的研究方向。”

回国后的徐克勤马不停蹄地投入工作中，他觉得时间太宝贵了，他要为祖国找到更多的宝藏。他说：“地质工作是我的‘最爱’。”他把这个“最爱”与祖国的需要书写在他一生的追求中，于是，他便成了“神人”徐克勤。

有一天，他来到了湖南的一座名为瑶岗仙的大山里。

在这里，有着我国最早开采的钨矿山之一瑶岗仙钨矿，徐克勤来这里的目的就是为了考察钨矿。

在海拔 1000 多米的山上，徐克勤在一个农民的家门口休息，准备吃点东西。突然，细心的他发现这个农户家的猪圈上有一块看起来有些特别的石头。

这引起了徐克勤的注意。凭着深厚的钨矿知识，徐克勤认为这块石头属于矽卡岩型白钨矿。

可是在当时，人们普遍认为，黑钨矿和白钨矿是不可能同时出现的，而这里已经开采出来了黑钨矿啊。

但，科学遵从的是实事求是。徐克勤忘记了饥饿，他马上请农民带他去发现石头的地方。在那里，徐克勤进行了仔细的搜索，终于找到了白钨矿的露出地面部分的岩石。

兴奋的徐克勤马上把这些石头带回实验室进行研究，结果确认这些石头中含有白钨矿！

这真是一个令人振奋的消息！

徐克勤成为国内最早发现矽卡岩型白钨矿床的人，而瑶岗仙白钨矿也是我国第一个被发现的白钨矿矿床。

小贴士

矽卡岩型白钨矿：出现在矽卡岩中的白钨矿，矽卡岩里一般含有较多的钙或镁。

经过地质部门的大规模勘查，证实瑶岗仙钨矿山是一个既有黑钨矿又有白钨矿的超大型钨矿。这不仅在我国是第一次出现，在世界上也极为罕见。

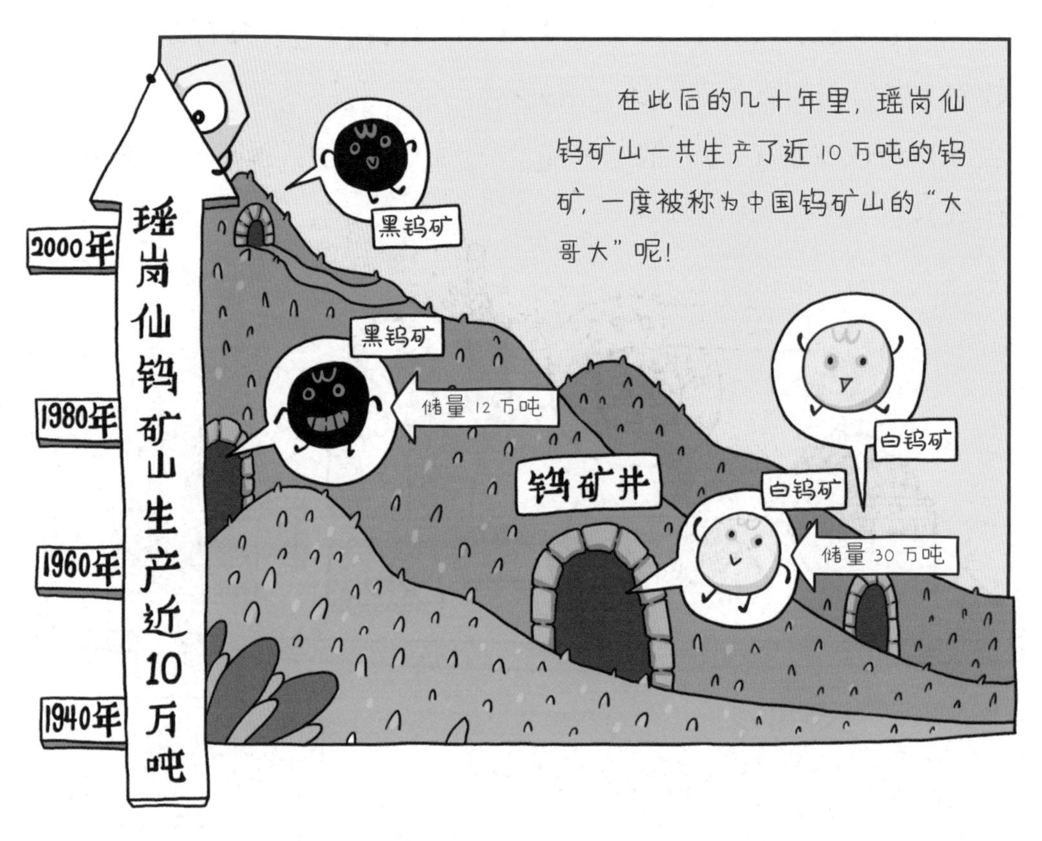

同学们，你们说徐克勤院士神不神？其实，钨矿和其他矿产资源一样，都是大自然献给我们的宝藏礼物，但是这个礼物往往隐藏在深山之中，需要我们去寻找。徐克勤就是寻找宝藏的人，探宝的兴趣和家国情怀，让他的生命闪闪发光，他也成为我们国家的宝贝啦。

藏在地下的宝藏就好像一个个神奇的盲盒。神奇的中国大地在等待你打开一个个令人惊喜的大盲盒呢。

本书部分图片来源 @ 视觉中国